省级实验教学示范中心系

化工仿真实训教程

葛奉娟　主编

王　菊　何昌春　刘玉胜　副主编

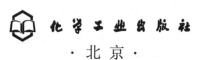

化学工业出版社

·北京·

内 容 简 介

《化工仿真实训教程》主要包括：绪论、化工原理仿真实验、化工单元操作仿真实训、甲醇合成与精制3D仿真实训、加氢反应系统安全应急演练仿真实训、苯胺半实物装置仿真实习六个部分。本教程提供化工装置、单元操作、过程控制操作、安全应急演练、全工艺过程操作等训练，强调理论与实践结合，有助于锻炼学生分析问题、解决问题的能力，强化工程实践经验，提高团队合作能力和风险意识。

本书可作为高等院校化学工程与工艺、应用化学、石油化工等化工类专业以及生物工程、环境科学与工程等相关专业的教学用书，也可供相关专业科技人员参考。

图书在版编目（CIP）数据

化工仿真实训教程/葛奉娟主编；王菊，何昌春，刘玉胜副主编 . —北京：化学工业出版社，2022.5
ISBN 978-7-122-41555-4

Ⅰ.①化⋯ Ⅱ.①葛⋯②王⋯③何⋯④刘⋯ Ⅲ.①化学工业-计算机仿真-高等学校-教材 Ⅳ.①TQ015.9

中国版本图书馆 CIP 数据核字（2022）第 090265 号

责任编辑：汪 靓 宋林青
责任校对：王 静 装帧设计：史利平

出版发行：化学工业出版社（北京市东城区青年湖南街 13 号 邮政编码 100011）
印 装：三河市延风印装有限公司
787mm×1092mm 1/16 印张 9¾ 字数 240 千字 2022 年 5 月北京第 1 版第 1 次印刷

购书咨询：010-64518888 售后服务：010-64518899
网 址：http://www.cip.com.cn
凡购买本书，如有缺损质量问题，本社销售中心负责调换。

定 价：28.00 元 版权所有 违者必究

前　　言

在高等教育人才培养过程中，实训、实习是工科类各专业重要的实践教学环节，是培养工程技术人才的重要手段，化工类专业的实践课程主要有专业实验、认识实习、生产实习、毕业实习等。通过实践教学，可使学生了解工业化生产的工艺流程和生产设备、现代技术的发展、现代化企业管理等基本知识，培养学生理论联系实际、解决复杂工程问题的能力。

随着现代化工生产技术的快速发展，生产过程连续化和自动化程度越来越高，生产过程复杂，条件严苛，常伴有高温高压、易燃易爆、有毒有害等不安全因素，操作难度大，危险系数高。此外，企业对生产安全管理更加规范，严格限制非岗位操作人员进入现场，所以化工类专业实践教学的困境是学生动手难，不能取得理想的实习效果。为此，利用虚拟仿真技术进行化工生产过程的实习实训，是解决以上难题的最佳选择。通过仿真机器运行操作控制系统，模拟真实的生产装置，再现真实生产过程（装置）的实时动态，也可取得较好的训练效果。

为培养高素质应用型化工技术人才，我们依托徐州工程学院先进的"绿色化工综合仿真实训中心"以及国家级虚拟仿真教学项目、国家级一流本科课程"加氢反应系统安全应急演练3D仿真实训项目"，根据北京欧倍尔软件技术开发有限公司（以下简称欧倍尔）及北京东方仿真软件技术有限公司（以下简称东方仿真）的化工单元操作、化工生产过程等仿真软件编写了本教程。全书主要由绪论、化工原理仿真实验、化工单元操作仿真实训、甲醇合成与精制3D仿真实训、加氢反应系统安全应急演练仿真实训、苯胺半实物装置仿真实习六部分组成。其中半实物装置以苯胺的实际生产装置为原型，将各工段的主要设备按比例缩小，通过仿真软件和实物装置联合运行，从而实现对苯胺生产过程的模拟。本书强调理论与实践结合，提供化工装置、单元操作、过程控制操作、安全应急演练、全工艺过程操作等训练，有助于锻炼学生分析问题、解决问题的能力，强化工程实践经验，提高团队合作能力和风险意识。

本书由徐州工程学院葛奉娟（第6章）、王菊（第4、5章）、何昌春（第1、2、3章）、刘玉胜（第3章）共同编写，朱捷、朱文友和徐艳为本书的编写提供了很多帮助。最后由葛奉娟统稿，堵锡华教授审阅了全书初稿，并提出了宝贵建议。

本书的编写得到了欧倍尔及东方仿真的大力协助，出版过程也得到了化学工业出版社的大力支持，在此一并表示衷心的感谢。

由于编者水平有限，书中如有不妥之处，敬请读者批评指正。

编者

2022 年 5 月

目　　录

第 1 章　绪论

1.1　仿真实训课程的作用

随着计算机科学、网络通信技术和软件技术的不断发展，在现代化工教育的实践课程中引入虚拟仿真项目已成为一种发展趋势。将新兴的仿真实训项目与传统的真实实践课程相结合，可充分发挥两种课程的特点，显著改善实践教学的效果。

实践课程是化工相关专业本科教育的重要组成，主要培养学生解决复杂工程问题的能力。与理论课程相比，实践课程具有危险性、污染性、高资金投入、高运行管理成本、耗时占地等特点，为实践教学的开展增加了不小的难度。当前仿真技术已相当成熟，国内外涌现了一批开发仿真实训项目软件的知名企业和机构。为此，很多化工类高校针对目前实践教学的现状，引入了仿真实训项目，取得了很好的效果。

随着仿真教学的不断普及，越来越多地展现出其独特的作用。总的来说，主要体现在两个方面，即以虚辅实和以虚代实。

（1）以虚辅实

首先，当高校同时拥有真实与虚拟的实验课程时，仿真实验可起到课前预习和课后复习的作用，使学生对实验原理的理解、实验步骤的操作更加得心应手，可大幅提高实验课程的教学预期。其次，对于实训实习等课程，使用虚拟仿真软件，学生可提前进行线上安全教育和熟悉生产装置，大大降低实训实习过程中学生学习的危险性和盲目性。在化工实习过程中，企业出于安全和保密的考虑，学生通常很难接触到生产工艺、车间设备、自动控制和生产调度等核心环节，而仿真实习正好可以解决这方面的痛点。再次，实践课程的考核评分也是一个难点，往往是将实践课程的报告作为主要评分依据，平时成绩则依赖人为主观印象，而仿真软件中的每一步操作都给出了评分标准，有些软件可以自动生成试卷进行期末考试，使得实践课程的评分更加客观和便利。最后，化工类专业实践装置繁多，实践课程中的某些装置暂缺或临时故障的情况时有发生，这时仿真实训项目可以解决燃眉之急，保证了课程的完整性。

（2）以虚代实

某些特殊情况下，线下的实践课程无法正常开展，这时仿真实训课程可以起到独当一面的作用。首先，在我国疫情特殊时期，某些高校完全使用仿真实训课程替代线下实践课程，为高等教育工作的正常开展做出了应有的贡献。其次，针对企业实习效果较差的情况，很多高校将部分去校外的现场实习改为校内的仿真实习，既保证了学生的安全，又使学生掌握了系统的工程实践知识。再次，一些学生对化工实践课程感兴趣，并希望在课后能够更多接触，但面对实验室、实训车间和企业车间的严格规定，教师无法随时现场监管，学生无法随时进出，仿真软件则提供了一个很好的解决该问题的思路。最后，对于一些因特殊情况无法参加现场实践课程的学生，仿真实训软件则为他们完成实训课程提供了一个很好的途径，充分体现人文关怀的精神。

1.2 仿真实训课程的特点

仿真实训课程能够得到很多高校的认可，并不断地推广，得益于其自身独特的优势，主要表现在：

（1）灵活性

仿真实训课程可不受时间和空间的限制，学生只需要计算机、网络和软件授权即可随时随地学习，甚至可以利用多个片段时间学习完一个实验或实训项目，大大提高了学习效率。

（2）趣味性

仿真实训课程可以设置成学生喜闻乐见的过关模式，当前实验步骤的操作要领有相应的提示，完成某个实验步骤即可得到相应的操作分数，学生对最终得分不满意也可重新操作，这种寓教于乐的教学方式大大提升了学生的学习兴趣。

（3）系统性

仿真实训软件中可以包含多方面的相关内容，学生能够全方位地学习，以便快速掌握核心设备和操作过程，同时教师也可以很方便地通过操作记录和在线测验功能了解学生的掌握程度，及时发现课程的难点。

（4）安全性和环保性

很多化工专业的实践课程都存在一定的危险性和污染性，而仿真实训课程使学生可以在安全和环保的情况下了解设备和工艺，这是线下教学所无法比拟的，既可延伸课程的开设范围，亦可拓宽学生的工程视野。

（5）经济性

线下实践课程涉及装置的购买、运行、管理和维护费用，同时还需要占据一定的实验室空间，需要高昂的费用作为支撑，但仿真实训课程可以避免这方面的问题，只需要购买相关软件和固定的机房（线上课程甚至可以不需要）即可开设课程，极大地节省费用开支。

（6）可独立操作性

由于线下实践课程的装置套数有限，往往是小组合作，导致部分学生只能进行一部分操作，有的学生甚至旁观，无法完全锻炼学生的实践动手能力，而对于线上实践课程，软件可拷贝的特性可以使每个学生都可以独立操作，大大提升学生独立解决问题的能力。

（7）实用性

化工企业为了解决劳动力成本和人身安全问题，正逐步趋向高度自动化，化工企业基层岗位员工的工作方式也发生了巨大的变化，由以前的现场操作改为远程控制，而学生在仿真实习软件中的操作方式与其高度重合。如此按照行业操作规范培养的大学生将能更快地适应就业岗位，快速打通学生毕业到就业的"最后一公里"，同时也节省了企业的培训成本。

当然，虚拟仿真实训课程也不可避免地存在一些缺点，如操作错误时的减分没有体现，与现场操作时感觉差别较大，不容易发现实训中的操作难点，这些都是仿真实训课程需要改进的地方。

1.3　仿真实训课程的发展趋势

仿真实训课程方兴未艾，融合新的计算机信息技术将成为其主要发展趋势，其发展方向主要体现在：

（1）提供强大的数据库和数据生成处理能力

很多实验需要查询物质在不同温度下的特性或者某个参数的关联图，在仿真实训软件中可以内置这样的图表或者函数关联式，这样可以很方便地获取某些参数，无需查阅其他资料；同时内置实验数据拟合和误差分析模块，能够快速获得关联式的优化参数和拟合结果。

（2）融入虚拟现实技术

虚拟现实技术（VR）是 20 世纪发展起来的一项全新的实用技术，囊括了计算机、电子信息、仿真技术，其基本实现方式是计算机模拟虚拟环境从而给人以环境沉浸感。为了解决仿真实训课程中现场感受不强的问题，在将来引入成熟的虚拟现实技术是一个较好的切入点，可以充分体现出实际操作环境的噪音和危险，模拟不规范操作的严重后果，大大增强了实践学习的效果。

（3）使用人工智能

借助人工智能深度学习方法掌握学生学习仿真实训课程时遇到的各种问题，设置更加智能化的人机交互界面，能够引导学生独立完成操作，增强学生独立实践的自信心。仿真软件供应商亦可通过收集学生教师使用软件过程中产生的大数据，及时了解教学过程中的难点和问题，以便更好地更新软件。

1.4　仿真实训课程的学习方法

在虚拟仿真实训教学的过程中，应更加注重学生工程逻辑思维能力的培养，强化假设推演和归纳总结意识，不应只是机械地按照操作步骤完成实践课程，而是应当面对看似怪异复杂的操作步骤勇于提出自己的疑问，如这样操作的理由是什么？为何不能简化操作步骤？其中的某些操作步骤能否颠倒？教师对这些问题的解答，可以使学生了解到这些经典的操作步骤是无数工程师和工人用汗水乃至生命换来的宝贵经验总结，具有极强的逻辑性和极高的安全性，值得深度品味与探究。上述过程有助于提升学生的工程逻辑思维能力，并可由此做到以点带面，举一反三。其次，可以锻炼学生独立分析和解决工程实际问题的能力，仿真实训课程很大程度上避免了传统实践课程中分组操作导致部分学生"等""靠""要"的消极行为，而以此为契机，驱使自己充分发挥主观能动性，挖掘自身的潜能，使实践能力得到质的飞跃。此外，仿真实训还可以帮助学生充分巩固已学的理论知识，如化工原理、化学反应工程、化工仪表与自动化、化工安全与环保等，做到学以致用，融会贯通。

1.5　本教材的主要内容

本教材主要由以下部分组成：

（1）化工原理仿真实验

该部分内容包括流体过程综合、二氧化碳吸收与解吸、乙醇-水精馏和洞道干燥四个化工原理 3D 仿真实验。

（2）化工单元操作仿真实训

该部分内容主要包括间歇反应装置、多釜串联反应器返混的测定、乙苯脱氢制苯乙烯、离心泵、换热器和精馏塔的仿真六个部分。

（3）甲醇合成与精制 3D 仿真实训

该部分内容包括甲醇合成和甲醇精制两个工段的工艺仿真训练。

（4）加氢反应系统安全应急演练仿真实训

该部分内容针对化工过程中典型的易燃易爆场合，对学生进行系统的安全应急演练实训。

（5）苯胺半实物装置仿真实习

该部分内容秉承"设备实而流体虚"的安全理念，以苯制苯胺半实物装置为基础开展仿真实训，该装置分为苯制硝基苯、硝基苯制苯胺、废水处理和废气处理四个工段，涵盖了化工和环保的一些常见工艺和装置。

上述几部分有简单的化工单元实验和操作，有复杂化工装置的开停工和事故处理操作，同时还有化工装置安全和环保方面的一些处理方案，覆盖了化工实践课程的多个方面，具有一定的典型性，能够保证学生较为全面地了解和掌握实际化工过程，高质量地完成相关课程的教学目标。

第2章 化工原理仿真实验

2.1 3D仿真软件介绍

2.1.1 软件的启动与登录

安装好3D仿真软件后，双击电脑桌面或单击"开始"菜单中的软件快捷键图标打开软件，即可进入登录界面，通过设置教师站IP和软件供应商提供的登录账号即可登录进入软件，登录界面如图2-1所示。登录后即可选择相关模块进行学习。

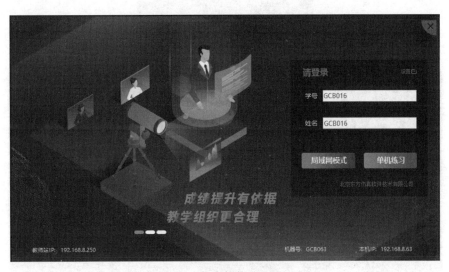

图2-1 仿真软件登录界面

2.1.2 软件界面及基本操作

2.1.2.1 软件基本操作

（1）移动方式

按住计算机键盘的W、S、A、D键可控制当前角色分别向前、后、左、右移动，按住Q、E键可进行角色视角左转与右转，点击R键可控制角色进行走、跑模式的切换，鼠标右键点击一个地点，当前角色可瞬间移动到该位置。

（2）视野调整

软件操作视角为第一人称视角，即代入了当前控制角色的视角，软件中所能看到的场景都是由系统摄像机来拍摄。按住鼠标左键在屏幕上向左或向右拖动，可调整操作者视野向左或是向右，但当前角色并不跟随场景转动，相当于左扭头或右扭头的动作；按住鼠标左键在屏幕上向上或向下拖动，可调整操作者视野向上或是向下，相当于抬头或低头的动作；滑动鼠标滚轮向前或是向后转动，可调整摄像机与角色之间的距离变化；按下键盘空格键即可实现全局场景俯瞰视角和人物当前视角的切换。

2.1.2.2 任务系统

运行界面右上角的任务提示中会显示当前需要完成的步骤，如图2-2所示。点击任务提示即可打开任务系统，查看实验任务，如图2-3所示。任务系统界面左侧是任务列表，右侧是任务的具体步骤，任务列表中每项均有两个数字，其中斜杠"/"前面和后面的数字分别表示任务的已完成步骤数和总步骤数。当某任务步骤完成时，右侧对应的该任务步骤前面会出现对号"√"，同时左侧的任务列表中对应任务的已完成任务步骤数也会发生相应变化。

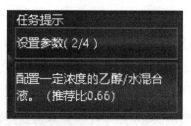

图 2-2　仿真软件中的任务提示

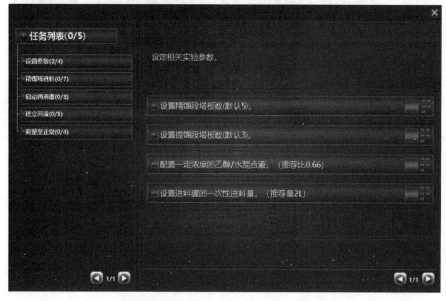

图 2-3　仿真软件中的任务列表及实验步骤

2.1.2.3 阀门操作

当控制角色移动到目标阀门附近时，鼠标悬停在阀门上，此阀门会闪烁，代表可以操作阀门；如果距离较远，即使将鼠标悬停在阀门位置，阀门也不会闪烁，代表距离太远，不能操作。左键双击闪烁阀门，可进入操作界面，在操作界面上方有操作框，点击后进行开关操作，同时阀门手轮或手柄会相应转动。按住上下左右方向键，可调整摄像机以当前阀门为中心进行上下左右的旋转；滑动鼠标滚轮，可调整摄像机与当前阀门的距离；单击右键，退出阀门操作界面。

2.1.2.4　查看仪表

当控制角色移动到目标仪表附近时，鼠标悬停在仪表上，此仪表会闪烁，说明可以查看仪表；如果距离较远，即使将鼠标悬停在仪表位置，仪表也不会闪烁，说明距离太远，不可观看。左键双击闪烁仪表，可进入操作界面。在仪表界面上显示有相应的实时数据，如温度、压力等。点击关闭标识，退出仪表显示界面。

2.1.2.5　操作电源控制面板

电源控制面板位于实验装置旁，可根据设备名称找到该设备的电源面板。当控制角色移动到电源控制面板目标电源附近时，如图 2-4 所示，鼠标悬停在该电源面板上，此电源面板会闪烁，出现相应设备的位号，说明可以操作电源面板；如果距离较远，即使将鼠标悬停在电源面板位置，电源面板也不会闪烁，代表距离太远，不能操作。

在操作面板界面上双击绿色按钮，开启相应设备，同时绿色按钮会变亮。在操作面板界面上双击红色按钮，关闭相应设备，同时绿色按钮会变暗。按住上下左右方向键，可调整摄像机以当前控制面板为中心进行上下左右的旋转。滑动鼠标滚轮，可调整摄像机与当前电源面板的距离。

图 2-4　电源面板

图 2-5　功能按钮

2.1.2.6　功能钮介绍

点击某功能钮后弹出一个界面，再次点击该功能钮，界面消失，按钮界面如图 2-5 所示。下面介绍操作中几个常用的功能钮。

（1）查找功能

左键点击查找功能钮，弹出查找框，如图 2-6。适用于知道阀门位号，不知道阀门位置的情况。

上部为搜索区，在搜索栏内输入目标阀门位号，如 VA037，按回车或点击搜索栏右侧的按钮🔍，或者点击右下角的"开始查找"按钮开始搜索，在显示区将显示出此阀门位号；也可直接点击🔍，在显示区将显示出所有阀门位号。中部为显示区，显示搜索到的阀门位号。下部为操作确认区，选中目标阀门位号，点击开始查找按钮，进入到查找状态；若点击退出，则取消此操作。进入查找状态后，主场景画面会切换到目标阀门的近景图，可大

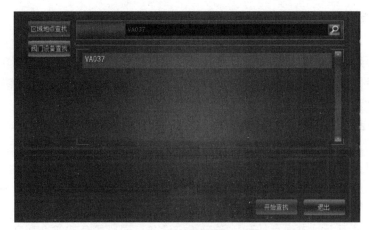

图 2-6 查找框界面

概查看周边环境。点击右键退出阀门近景图。主场景中当前角色头顶出现绿色指引箭头，实施指向目标阀门方向，如图 2-7 所示。到达目标阀门位置后，指引箭头消失。

图 2-7 查找场景

（2）演示功能

左键点击"演示"功能钮，即开始播放间歇釜反应单元的漫游，漫游中介绍了本软件的工艺、设备及物料流动过程。

（3）手册功能

左键点击"手册"功能钮，即弹出本软件的操作手册，便于了解的软件的使用。

（4）帮助功能

单击"帮助"功能钮，会出现如图 2-8 所示的操作帮助，按照提示可学习一些基本操作。

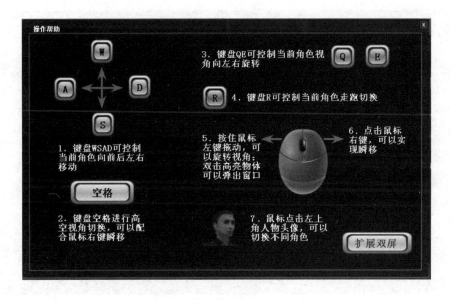

图 2-8　操作帮助

（5）视角功能

视角功能中保存了各个视角，点击不同视角可以从不同角度观察 3D 环境，如图 2-9 所示，可控制鼠标调整观察角度，通过按键调整视角。

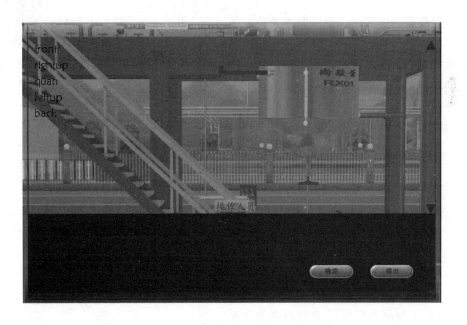

图 2-9　视角图

（6）地图功能

虚拟仿真软件提供了完整的车间设备厂区地图。地图功能主要展现了厂区的环境和主要的操作区域。如图 2-10，可通过特定操作切换到厂区设备图，观察整个厂区的布置。

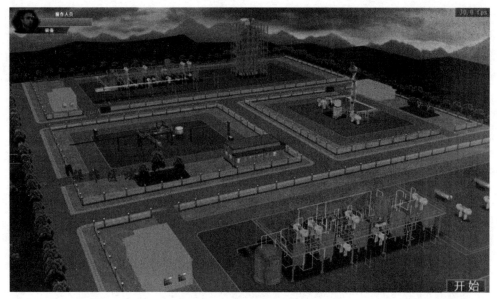

图 2-10　车间设备厂区地图

2.2　流体过程综合仿真实验

2.2.1　实验目的

流体过程综合
仿真实验操作

① 掌握直管摩擦阻力、直管摩擦系数 λ 的测定方法，能够通过实验结果分析直管摩擦系数 λ 与雷诺数 Re、相对粗糙度 ε/d 之间的关系。

② 熟悉离心泵的操作方法和步骤，掌握离心泵特性曲线和管路特性曲线的测定和表示方法，强化对离心泵性能的理解。

③ 掌握转子流量计和涡流流量计的读数方法，掌握节流式流量计流量系数 C_0 的确定方法，能够根据实验结果获得流量系数 C_0 与雷诺数 Re 的变化曲线。

2.2.2　实验原理

2.2.2.1　直管摩擦系数 λ 与雷诺数 Re 的测定

直管摩擦系数 λ 是雷诺数 Re 和相对粗糙度 ε/d 的函数，即 $\lambda = f(Re, \varepsilon/d)$，对固定的相对粗糙度 ε/d 而言，该函数则变为 $\lambda = f(Re)$。流体在一定长度等直径的水平圆管内流动时，管路阻力引起的阻力损失为

$$h_f = \frac{p_1 - p_2}{\rho} = \frac{\Delta p_f}{\rho} \tag{2-1}$$

摩擦系数 λ 与阻力损失 h_f 之间有如下关系：

$$h_f = \frac{\Delta p_f}{\rho} = \lambda \frac{l}{d} \times \frac{u^2}{2} \tag{2-2}$$

整理式（2-1）和式（2-2）得

$$\lambda = \frac{2d}{\rho l} \times \frac{\Delta p_f}{u^2} \tag{2-3}$$

雷诺数 Re 的表达式为

$$Re = \frac{du\rho}{\mu} \tag{2-4}$$

式中，d 为管内径，m；Δp_f 为摩擦阻力引起的压降，Pa；l 为直管长度，m；u 为平均流速，m/s；ρ 为流体密度，kg/m³；μ 为流体黏度，Pa·s。

在实验装置中，直管段管长 l 和管内径 d 均固定，若水温一定，则水的密度 ρ 和黏度 μ 也是定值。因此，本实验实质上是测定直管段流体阻力引起的压强降 Δp_f 与流速 u（或流量 q_V）之间的关系。根据实验数据和式（2-3）可计算出不同流速下的直管摩擦系数 λ，用式（2-4）计算出对应的 Re，整理出直管摩擦系数 λ 和雷诺数 Re 的关系，绘出 λ 与 Re 的关系曲线。

2.2.2.2　局部阻力系数 ζ 测定

流体流经管件或阀门时，会造成局部阻力损失。局部阻力有两种表示方法，即当量长度法和阻力系数法，本实验采用局部阻力系数法。局部阻力系数法中，阻力损失 h_f' 表示为

$$h_f' = \zeta \frac{u^2}{2} \tag{2-5}$$

式中，ζ 为局部阻力系数；u 为小截面管中流体的平均流速，m/s。

由于管件或阀门两侧距测压孔间的直管长度很短，直管摩擦阻力与局部阻力相比，可忽略不计。因此，局部阻力损失 h_f' 可通过伯努利方程和压差计读数求取。由式（2-5）可知：

$$\zeta = \frac{2}{u^2} h_f' = \frac{2}{u^2} \times \frac{\Delta p_f'}{\rho} \tag{2-6}$$

式中，$\Delta p_f'$ 为局部阻力引起的压降，Pa。

实验时，需要测量一个阀门的局部阻力，在一条直管段的中间安装了一个阀门，上下游各开两对测压口 a-a' 和 b-b'，使 $ab = bc$，$a'b' = b'c'$，如图 2-11 所示，则有 $\Delta p_{f,ab} = \Delta p_{f,bc}$，$\Delta p_{f,c'b'} = \Delta p_{f,b'a'}$。故 a-a' 之间的压差为

$$p_a - p_{a'} = 2\Delta p_{f,bc} + 2\Delta p_{f,c'b'} + \Delta p_f' \tag{2-7}$$

b-b' 之间的压差为

$$p_b - p_{b'} = \Delta p_{f,bc} + \Delta p_{f,c'b'} + \Delta p_f' \tag{2-8}$$

由上述两式即可求得

$$\Delta p_f' = 2(p_b - p_{b'}) - (p_a - p_{a'}) \tag{2-9}$$

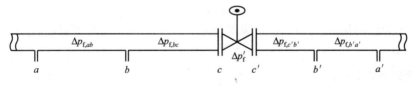

图 2-11　局部阻力测量原理示意图

习惯上，称 $(p_a - p_{a'})$ 为远点压差，$(p_b - p_{b'})$ 为近点压差，其数值可由倒 U 形管压差计（压力较大时）或差压传感器进行测量。

2.2.2.3　离心泵特性曲线测定

离心泵是最常见的液体输送设备。在一定的型号和转速下，离心泵的扬程 H、轴功率

N 及效率 η 均随流量 q_V 而改变。通常通过实验测出 $H\text{-}q_V$、$N\text{-}q_V$ 及 $\eta\text{-}q_V$ 关系，并绘制成曲线，称为离心泵特性曲线。离心泵特性曲线是确定泵的适宜操作条件和选用泵的重要依据。离心泵特性曲线的具体测定参数如下所述。

（1）扬程 H 的测定

在泵的吸入口 1 和压出口 2 之间列出伯努利方程

$$z_1+\frac{p_1}{\rho g}+\frac{u_1^2}{2g}+H=z_2+\frac{p_2}{\rho g}+\frac{u_2^2}{2g}+H_{f,1\text{-}2} \tag{2-10}$$

$$H=(z_2-z_1)+\frac{p_2-p_1}{\rho g}+\frac{u_2^2-u_1^2}{2g}+H_{f,1\text{-}2} \tag{2-11}$$

式中，z 为高度，m；p 为压力，Pa；u 为流速，m/s；ρ 为流体密度，kg/m³；g 为重力加速度，m/s²；$H_{f,1\text{-}2}$ 为泵的吸入口和压出口之间管路内的流体流动阻力（不包括泵体内部的流动阻力所引起的压头损失），m。当所选的两截面很接近泵体时，与伯努利方程中其他项比较，$H_{f,1\text{-}2}$ 值很小，可以忽略，于是式（2-11）变为

$$H=(z_2-z_1)+\frac{p_2-p_1}{\rho g}+\frac{u_2^2-u_1^2}{2g} \tag{2-12}$$

将测得的高度差 (z_2-z_1) 和压力差 (p_2-p_1) 的值以及计算所得的进出口流速 u_1 和 u_2 代入上式，即可求得扬程 H 的值。

（2）轴功率 N 的测定

功率表测得的功率为电动机输入功率 $N_{电机}$。因泵由电动机直接带动，故传动效率 $\eta_{传动}$ 可视为 100%，故电动机的输出功率 $N_{输出}$ 近似等于泵的轴功率 N。则泵的轴功率 N 可由下式计算：

$$N=N_{输出}\,\eta_{传动}=N_{电机}\,\eta_{电机}\,\eta_{传动}=N_{电机}\,\eta_{电机} \tag{2-13}$$

式中，$\eta_{电机}$ 为电动机的效率。

（3）泵效率 η 的测定

当离心泵工作时，离心泵内存在功率损失，致使从电动机输入的轴功率 N 不能全部转变为液体的有效功率 N_e，有效功率 N_e 与 N 的比值为泵的效率 η，即

$$\eta=\frac{N_e}{N} \tag{2-14}$$

$$N_e=\frac{q_V\rho g H}{102}\approx\frac{q_V\rho H}{102} \tag{2-15}$$

式中，H 为泵的扬程，m；q_V 为泵的流量，m³/s；ρ 为水的密度，kg/m³；g 为重力加速度，m²/s。

2.2.2.4 管路特性曲线测定

当离心泵安装在特定的管路系统中工作时，实际的工作压头 H 和流量 q_V 不仅与离心泵本身的性能有关，还与管路特性有关，也就是说，在液体输送过程中，泵和管路二者是相互影响和制约的。

管路特性曲线是指流体流经管路系统的流量 q_V 与所需压头 H_r 之间的关系。若将泵的特性曲线与管路特性曲线绘在同一坐标图上，两曲线交点即为泵在该管路的工作点。因此，正如可通过改变阀门开度来改变管路特性曲线，求出泵的特性曲线一样，也可通

过改变泵的叶轮转速来改变泵的特性曲线，进而得出管路特性曲线。泵的压头 H 计算方法见式（2-12）。

2.2.2.5　流量计性能的测定

流体通过节流式流量计时，产生局部阻力损失，在上、下游两个取压口之间可测得压差 Δp，其与流量 q_V 的关系为

$$q_V = C_0 A_0 \sqrt{\frac{2\Delta p}{\rho}} \tag{2-16}$$

进而可得到

$$C_0 = \frac{q_V}{A_0} \sqrt{\frac{\rho}{2\Delta p}} \tag{2-17}$$

式中，C_0 为流量计的流量系数；A_0 为流量计的节流孔截面积，m^2；ρ 为流体的密度，kg/m^3。

将不同的压差 Δp 和流量 q_V 绘制而成的曲线，即为流量标定曲线，同时利用上述关系式，可进一步得到 C_0-Re 关系曲线。

2.2.3　实验原料和装置

本实验装置的主要原料为水。实验装置主要包括可变频离心泵、光滑管阻力测量系统、粗糙管阻力测量系统和局部阻力测量系统，以及压力计、压差计、流量计和温度计等仪表。本仿真实验的界面如图 2-12 所示。

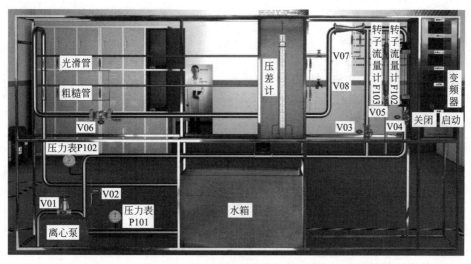

图 2-12　流体过程综合仿真实验界面

2.2.4　实验步骤

2.2.4.1　离心泵性能测定实验

① 设定实验参数 1：设置离心泵型号。

② 设定实验参数 2：调节离心泵转速（默认 50r/s）。

③ 设定实验参数 3a：设置泵进口管路内径（默认 20mm）。

④ 设定实验参数 3b：设置泵出口管路内径（默认 20mm）。

⑤ 设定实验参数完成后，记录数据。

⑥ 打开离心泵的灌泵阀 V01。

⑦ 打开放气阀 V02。

⑧ 灌泵排气中，请等待。

⑨ 成功放气后关闭灌泵阀 V01。

⑩ 关闭放气阀 V02。

⑪ 启动离心泵电源。

⑫ 打开主管路的球阀 V06。

⑬ 调节主管路调节阀 V03 的开度。

⑭ 待真空表和压力表读数稳定后，记录数据。

⑮ 重复实验步骤⑬和⑭，总共记录 10 组数据。

⑯ 点击实验报告查看离心泵扬程 H、轴功率 N 和效率 η 曲线。

⑰ 控制主管路调节阀 V03 开度在 50% 到 100% 之间。

⑱ 待真空表和压力表读数稳定后，调节离心泵电机频率（调节范围 $0 \sim 50$Hz）。

⑲ 待压力和流量稳定后，记录数据。

⑳ 重复实验步骤⑱和⑲，总共记录 10 组数据。

㉑ 点击实验报告查看管路特性曲线。

㉒ 关闭主管路球阀 V06。

㉓ 关闭主管路调节阀 V03。

㉔ 关停离心泵电源。

2.2.4.2 流体阻力测定实验

① 设定实验参数 1：选择直管内径。

② 设定实验参数 2：选择物料类型。

③ 设定实验参数完成后，记录数据。

④ 启动离心泵电源。

⑤ 打开光滑管路中的闸阀 V07。

⑥ 调节小转子流量计调节阀 V05 的开度。

⑦ 待光滑管压差数据稳定后，记录数据。

⑧ 重复实验步骤⑥和⑦，总共记录 5 组数据。

⑨ 关闭小转子流量计调节阀 V05。

⑩ 调节大转子流量计调节阀 V04 的开度。

⑪ 待光滑管压差数据稳定后，记录数据。

⑫ 重复实验步骤⑩和⑪，总共记录 10 组数据。

⑬ 点击实验报告查看光滑管 $\lambda\text{-}Re$ 曲线。

⑭ 将大转子流量计调节阀 V04 开最大。

⑮ 待闸阀远、近点压差数据稳定后，记录数据。

⑯ 关闭光滑管路中的闸阀 V07。

⑰ 关闭大转子流量计调节阀 V04。

⑱ 打开粗糙管路中的闸阀 V08。

⑲ 调节小转子流量计调节阀 V05 的开度。

⑳ 待粗糙管压差数据稳定后，记录数据。

㉑ 重复实验步骤⑲和⑳，总共记录 5 组数据。

㉒ 关闭小转子流量计调节阀 V05。

㉓ 调节大转子流量计调节阀 V04 的开度。

㉔ 待粗糙管压差数据稳定后，记录数据。

㉕ 重复进行步骤㉓和㉔，总共记录 5 组数据。

㉖ 当流量大于 1 m^3/h 时，选择涡轮流量计测量。

㉗ 关闭大转子流量计调节阀 V04。

㉘ 调节主管路调节阀 V03 的开度。

㉙ 待粗糙管压差数据稳定后，记录数据。

㉚ 重复实验步骤㉘和㉙，总共记录 5 组数据。

㉛ 点击实验报告查看粗糙管 λ-Re 曲线。

㉜ 关闭主管路调节阀 V03。

㉝ 将大转子流量计调节阀 V04 开最大。

㉞ 待截止阀远、近点压差数据稳定后，记录数据。

㉟ 关闭粗糙管路中的闸阀 V08。

㊱ 关闭大转子流量计调节阀 V04。

㊲ 关停离心泵电源。

2.2.4.3　流量计性能测定实验

① 设定实验参数 1：选择流量计类型。

② 设定实验参数 2：选择孔口内径的种类。

③ 设定实验参数完成后，记录数据。

④ 启动离心泵电源。

⑤ 打开主管路的球阀 V06。

⑥ 调节主管路调节阀 V03 的开度。

⑦ 待真空表和压力表读数稳定后，记录数据。

⑧ 重复实验步骤⑥和⑦，总共记录 10 组数据。

⑨ 点击实验报告查看流量计标定曲线和 C_0-Re 曲线。

⑩ 关闭主管路球阀 V06。

⑪ 关闭主管路调节阀 V03。

⑫ 关停离心泵电源。

2.3　二氧化碳吸收解吸仿真实验

2.3.1　实验目的

① 熟悉填料吸收塔的结构和流体力学性能。

② 掌握填料吸收塔传质能力和传质效率的测定方法。

二氧化碳吸收解
吸仿真实验操作

2.3.2 实验原理

（1）气体通过填料层的压降

压降是塔设计中的重要参数，气体通过填料层压降的大小决定了塔相关的流体输送设备的动力消耗。压降与气液流量有关，不同喷淋量下的填料层的压降 Δp 与气速 u 的关系如图 2-13 所示。

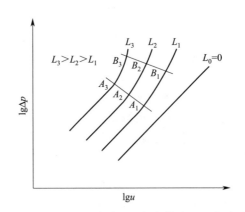

图 2-13 填料层的压降 Δp 与气体流速 u 的关系

当无液体喷淋时，即喷淋量 $L_0=0$，干填料的 $\Delta p\text{-}u$ 的关系为直线，如图中的直线。当有一定的喷淋量时，$\Delta p\text{-}u$ 的关系变成折线，并存在两个转折点，下转折点称为载点，即图中的点 $A_1 \sim A_3$，上转折点称为泛点，即图中的 $B_1 \sim B_3$。这两个转折点将 $\Delta p\text{-}u$ 曲线分为三个区段，即恒持液量区（A 点以下）、载液区（A 点与 B 点之间）与液泛区（B 点之上）。

（2）传质性能

吸收系数是决定吸收过程速率高低的重要参数，而实验测定是获取吸收系数的根本途径。对于相同的物系及一定的设备（填料类型与尺寸），吸收系数将随着操作条件及气液接触状况的不同而变化。

（3）膜系数和总传质系数

根据双膜模型的基本假设（如图 2-14 所示），气相侧和液相侧的吸收质 A 的传质速率方程表达式分别为

$$N_A = k_G(p_A - p_{Ai}) \tag{2-18}$$
$$N_A = k_L(c_{Ai} - c_A) \tag{2-19}$$

式中，N_A 为溶质 A 的传质速率，$\text{kmol}/(\text{m}^2 \cdot \text{s})$；$p_A$ 为气相主体中溶质 A 的平均分压，Pa；p_{Ai} 为相界面上溶质 A 的平均分压，Pa；c_A 为液相主体中溶质 A 的平均摩尔浓度，kmol/m^3；c_{Ai} 为相界面上溶质 A 的摩尔浓度 kmol/m^3；k_G 为以气相分压表示推动力的气侧传质膜系数，$\text{kmol}/(\text{m}^2 \cdot \text{s} \cdot \text{Pa})$；$k_L$ 为以液相物质的量浓度表示推动力的液侧传质膜系数，m/s。

以气相分压或以液相浓度表示传质过程推动力的相际传质速率方程表达式分别为

$$N_A = K_G(p_A - p_A^*) \tag{2-20}$$
$$N_A = K_L(c_A^* - c_A) \tag{2-21}$$

式中，p_A^* 为液相中溶质 A 的实际浓度所对应的气相平衡分压，Pa；c_A^* 为气相中溶质

A 的实际分压所对应的液相平衡浓度，$kmol/m^3$；K_G 为以气相分压表示推动力的总传质系数或简称为气相传质总系数，$kmol/(m^2 \cdot s \cdot Pa)$；$K_L$ 为以气相物质的量浓度表示推动力的总传质系数，或简称为液相传质总系数，m/s。

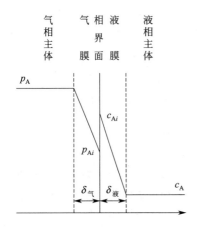

图 2-14 双膜模型的浓度分布图

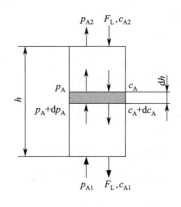

图 2-15 填料塔的物料衡算图

若气液相平衡关系遵循亨利定律，即

$$c_A = H p_A \tag{2-22}$$

则有下列关系：

$$\frac{1}{K_G} = \frac{1}{k_G} + \frac{1}{H k_L} \tag{2-23}$$

$$\frac{1}{K_L} = \frac{H}{k_G} + \frac{1}{k_L} \tag{2-24}$$

式中，H 为溶解度系数，$mol/(m^3 \cdot Pa)$。

当气膜阻力远大于液膜阻力时，则相际传质过程式受气膜传质速率控制，此时 $K_G = k_G$；反之，当液膜阻力远大于气膜阻力时，则相际传质过程受液膜传质速率控制，此时 $K_L = k_L$。

如图 2-15 所示，在逆流接触的填料层内，任意截取一微分段 dh，并以此为衡算系统，则由吸收质 A 的物料衡算可得：

$$dG_A = \frac{F_L}{\rho_L} dc_A \tag{2-25}$$

式中，G_A 为单位时间内从气相传递至液相的溶质 A 的物质的量，$kmol/s$；F_L 为液相摩尔流率，$kmol/s$；ρ_L 为液相摩尔密度，$kmol/m^3$。

根据传质速率基本方程式，可写出该微分段的传质速率微分方程

$$dG_A = K_L(c_A^* - c_A) a S dh \tag{2-26}$$

联立上面两式可得

$$dh = \frac{F_L}{K_L a S \rho_L} \times \frac{dc_A}{c_A^* - c_A} \tag{2-27}$$

式中，a 为气液两相接触的比表面积，m^2/m^3；S 为填料塔的横截面积，m^2。

本实验采用水吸收二氧化碳，由于常温常压下二氧化碳在水中溶解度较小，故液相摩尔

流率 F_L 和摩尔密度 ρ_L 的比值，亦即液相体积流率 V_{sL} 可视为定值，且设总传质系数 K_L 和两相接触比表面积 a 在整个填料层内为一定值，则按下列边值条件积分式（2-27），可得填料层高度的计算公式：

$$h = \frac{V_{sL}}{K_L aS} \int_{c_{A2}}^{c_{A1}} \frac{\mathrm{d}c_A}{c_A^* - c_A} \tag{2-28}$$

当 $h=0$ 时，$c_A = c_{A2}$。令 $H_L = \dfrac{V_{sL}}{K_L aS}$，为液相传质单元高度（HTU）；令 $N_L = \int_{c_{A2}}^{c_{A1}}$ $\dfrac{\mathrm{d}c_A}{c_A^* - c_A}$，为液相传质单元数（NTU）。因此，填料层高度可表示为传质单元高度 H_L 与传质单元数 N_L 的乘积，即

$$h = H_L N_L \tag{2-29}$$

若气液平衡关系遵循亨利定律，即平衡曲线为直线，则式（2-29）为可用解析法解得填料层高度的计算式，亦即可采用下列平均推动力法计算填料层的高度或液相传质单元高度，即

$$h = \frac{V_{sL}}{K_L aS} \times \frac{c_{A1} - c_{A2}}{\Delta c_{Am}} \tag{2-30}$$

$$N_L = \frac{h}{H_L} = \frac{h}{V_{sL}/K_L aS} = \frac{c_{A1} - c_{A2}}{\Delta c_{Am}} \tag{2-31}$$

式中，c_{Am} 为液相对数平均推动力，其表达式为

$$\Delta c_{Am} = \frac{\Delta c_{A1} - \Delta c_{A2}}{\ln \dfrac{\Delta c_{A1}}{\Delta c_{A2}}} = \frac{(c_{A1}^* - c_{A1}) - (c_{A2}^* - c_{A2})}{\ln \dfrac{c_{A1}^* - c_{A1}}{c_{A2}^* - c_{A2}}} \tag{2-32}$$

由于本实验采用纯水吸收纯二氧化碳，则气相中的二氧化碳分压即为总压，同时认为吸收塔塔顶和塔底的温度压力均相等，故

$$c_{A1}^* = c_{A2}^* = c_A^* = H p_A \tag{2-33}$$

式中，H 为二氧化碳在水中的溶解度系数，$\mathrm{kmol}/(\mathrm{m}^3 \cdot \mathrm{Pa})$。$H$ 可由下式进行计算

$$H = \frac{\rho_w}{M_w} \times \frac{1}{E} \tag{2-34}$$

式中，ρ_w 为水的密度，$\mathrm{kg/m}^3$；M_w 为水的摩尔质量，$\mathrm{kg/kmol}$；E 为二氧化碳在水中的亨利系数，Pa。因此，式（2-31）可简化为

$$N_L = \frac{c_{A1} - c_{A2}}{\Delta c_{Am}} = \ln \frac{H p_A - c_{A2}}{H p_A - c_{A1}} \tag{2-35}$$

因本实验采用的物系不仅遵循亨利定律，而且气膜阻力可以不计，在此情况下，整个传质过程阻力都集中于液膜，即属液膜控制过程，则液侧体积传质膜系数 k_L 等于液相体积传质总系数 K_L，则有

$$k_L a \approx K_L a = \frac{V_{sL}}{hS} \times \frac{c_{A1} - c_{A2}}{\Delta c_{Am}} = \frac{V_{sL}}{hS} \times \ln \frac{H p_A - c_{A2}}{H p_A - c_{A1}} \tag{2-36}$$

2.3.3　实验原料和装置

本实验主要原料为二氧化碳、水、氢氧化钡溶液（滴定用）和盐酸溶液（滴定用）。实

验设备主要为吸收塔、解吸塔、风机、水泵、二氧化碳钢瓶。此外还有分别用于测量空气、二氧化碳和水的转子流量计及压差计、温度计等仪表。本仿真实验的界面如图 2-16 所示。

图 2-16　二氧化碳吸收解吸仿真实验界面

2.3.4　实验步骤

2.3.4.1　开车准备

① 点击"设置参数",第三页,设置环境温度。

② 设置中和用氢氧化钡浓度。

③ 设置中和用氢氧化钡体积。

④ 设置滴定用盐酸浓度。

⑤ 设置样品体积。

⑥ 第一页,设置吸收塔的塔径。

⑦ 第一页,设置吸收塔的填料高度。

⑧ 第一页,设置吸收塔的填料种类。

⑨ 吸收塔填料参数设置完成后点击"记录数据"。

⑩ 第二页,设置解吸塔的塔径。

⑪ 第二页，设置解吸塔的填料高度。

⑫ 第二页，设置解吸塔的填料种类。

⑬ 解吸塔填料参数设置完成后点击"记录数据"。

2.3.4.2　流体力学性能实验——干塔实验

① 打开总电源开关。

② 打开风机 P101 开关。

③ 全开阀门 VA101。

④ 全开阀门 VA102。

⑤ 全开阀门 VA110。

⑥ 减小阀门 VA101 的开度，在"查看仪表"第二页，记录数据。

⑦ 逐步减小阀门 VA101 的开度，调节流量，记录至少 6 组数据。

2.3.4.3　流体力学性能实验——湿塔实验

① 打开加水开关。

② 等待水位到达 50%。

③ 关闭加水开关。

④ 启动水泵 P102。

⑤ 全开阀门 VA101。

⑥ 全开阀门 VA109，调节水的流量到 60 L/h。

⑦ 全开阀门 VA105。

⑧ 减小阀门 VA101 开度，在"查看仪表"第二页，记录数据。

⑨ 逐步减小阀门 VA101 的开度，调节流量，记录至少 6 组数据。

2.3.4.4　吸收传质实验

① 打开 CO_2 钢瓶阀门 VA001。

② 打开阀门 VA107。

③ 调节减压阀 VA002 开度，控制 CO_2 流量。

④ 启动水泵 P103。

⑤ 打开阀门 VA108。

⑥ 关闭阀门 VA105。

⑦ 待稳定后，打开取样阀 VA1 取样分析。

⑧ 待稳定后，打开取样阀 VA2 取样分析。

⑨ 待稳定后，打开取样阀 VA3 取样分析。

⑩ 点击"查看仪表"，第三页，记录数据。

2.3.4.5　停止实验

① 关闭 CO_2 钢瓶阀门 VA001。

② 关停水泵 P102。

③ 关停水泵 P103。

④ 关停风机。

⑤ 关闭总电源。

2.4　乙醇-水精馏仿真实验

2.4.1　实验目的

乙醇-水精馏
仿真实验操作

① 充分利用计算机采集和控制系统具有的快速、大容量和实时处理的特点，进行精馏过程多实验方案的设计，并进行实验验证，得出实验结论。以掌握实验研究的方法。

② 学会识别精馏塔内出现的几种操作状态，并分析这些操作状态对塔性能的影响。

③ 学习精馏塔性能参数的测量方法，并掌握其影响因素。

④ 测定精馏过程的动态特性，提高学生对精馏过程的认识。

2.4.2　实验原理

在板式精馏塔中，由塔釜产生的蒸汽沿塔板逐板上升，与来自塔板下降的回流液在塔板上实现多次接触，进行传热与传质，使混合液达到一定程度的分离。回流是精馏操作得以实现的基础。塔顶的回流量与采出量之比，称为回流比。回流比 R 是精馏操作的重要参数之一，其大小影响着精馏操作的分离效果和能耗。回流比 R 存在两种极限情况，即最小回流比（$R = R_{\min}$）和全回流（$R = \infty$）。若塔在最小回流比 $R_{\min}$ 下操作，要完成分离任务，则需要有无穷多块塔板的精馏塔。当然，这不符合工业实际，所以最小回流比 $R_{\min}$ 只是一个操作限度。若操作处于全回流时，既无任何产品采出，也无原料加入，塔顶的冷凝液全部返回塔内，这在生产中无实际意义，但由于此时所需理论塔板数最少，又易于达到稳定，故常在工业装置的开停车、排除故障及科学研究时使用。实际回流比常取最小回流比 $R_{\min}$ 的 $1.2 \sim 2.0$ 倍。在精馏操作中，若回流系统出现故障，操作情况会急剧恶化，分离效果也会变坏。

对于二元物系，如已知其汽液平衡数据，则根据精馏塔的原料液组成，进料热状况，操作回流比及塔顶馏出液组成，塔底釜液组成可以求出该塔的理论板数 N_T。总板效率 E_T 可由下式计算

$$E_T = \frac{N_T}{N_P} \times 100\% \tag{2-37}$$

式中，N_P 为实际塔板数。部分回流时，进料热状况参数 q 的计算式为

$$q = \frac{c_{pm}(T_{BP} - T_F) + r_m}{r_m} \tag{2-38}$$

$$c_{pm} = c_{p1}M_1 x_1 + c_{p2}M_2 x_2 \tag{2-39}$$

$$r_m = r_1 M_1 x_1 + r_2 M_2 x_2 \tag{2-40}$$

式中，T_F 为进料温度，℃；T_{BP} 为进料的泡点温度，℃；c_{pm} 为进料液体在平均温度（$T_F + T_{BP}$）/2 下的摩尔热容，kJ/（kmol·℃）；r_m 为进料液体在其组成和泡点温度下的汽化潜热，kJ/kmol；c_{p1} 和 c_{p2} 分别为纯组分 1 和纯组分 2 在平均温度下的比热容，kJ/（kg·℃）；r_1 和 r_2 分别为纯组分 1 和纯组分 2 在泡点温度 T_{BP} 下的汽化潜热，kJ/kg；M_1 和 M_2 分别为纯组分 1 和纯组分 2 的摩尔质量，kg/kmol；x_1 和 x_2 分别为纯组分 1 和纯组分 2 在进料中的摩尔分数。

2.4.3　实验原料和装置

　　本实验的原料为乙醇-水混合物、冷却水。实验装置主要为精馏塔、储料罐、进料泵、冷凝器、塔顶液储料罐和塔釜储料罐。本仿真实验的界面如图 2-17 所示。

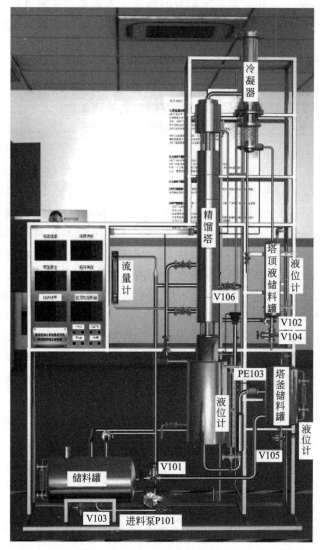

图 2-17　乙醇-水精馏实验仿真实验界面

2.4.4　实验步骤

2.4.4.1　设置参数

　　① 设置精馏段塔板数（默认 5）。
　　② 设置提馏段塔板数（默认 3）。
　　③ 配置一定浓度的乙醇-水混合液（推荐乙醇质量分数 0.66）。
　　④ 设置进料罐的一次性进料量（推荐进料量 2L）。

2.4.4.2　精馏塔进料

① 连续点击"进料"按钮，进料罐开始进料，直到罐内液位达到 70％以上。

② 打开总电源开关。

③ 打开进料泵 P101 的电源开关，启动进料泵。

④ 在"查看仪表"中设定进料泵功率，将进料流量控制器的 OP 值设为 50％。

⑤ 打开进料阀门 V106，开始进料。

⑥ 在"查看仪表"中设定预热器功率，将进料温度控制器的 OP 值设为 60％，开始加热。

⑦ 打开塔釜液位控制器，控制液位在 70％～80％之间。

2.4.4.3　启动再沸器

① 打开阀门 PE103，将塔顶冷凝器内通入冷却水。

② 打开塔釜加热电源开关。

③ 设定塔釜加热功率，将塔釜温度控制器的 OP 值设为 50％。

2.4.4.4　建立回流

① 打开回流比控制器电源。

② 在"查看仪表"中打开回流比控制器，将回流值设为 20。

③ 将采出值设为 5，即回流比控制在 4。

④ 在"查看仪表"中将塔釜温度控制器的 OP 值设为 60％，加大蒸出量。

⑤ 将塔釜液位控制器的 OP 值设为 10％左右，控制塔釜液位在 50％左右。

2.4.4.5　调整至正常

① 进料温度稳定在 95.3℃左右时，将控制器设自动，将 SP 值设为 95.3℃。

② 塔釜液位稳定在 50％左右时，将控制器设自动，将 SP 值设为 50％。

③ 塔釜温度稳定在 90.5℃左右时，将控制器设自动，SP 值设为 90.5℃。

④ 保持稳定操作几分钟，取样记录分析组分成分。

2.5　洞道干燥仿真实验

2.5.1　实验目的

① 熟悉洞道式干燥器的构造和操作。

② 测定在恒定干燥条件下的湿物料干燥曲线和干燥速率曲线。

2.5.2　实验原理

将湿物料置于一定的干燥条件下，测定被干燥物料的质量和温度随时间变化的关系，可得到物料含水量 X（水的质量与绝干物料质量的比值）与干燥时间 τ 的关系曲线及物料温度 θ 与干燥时间 τ 的关系曲线，如图 2-18 所示。物料含水量与时间关系曲线的斜率即为干燥速率 u。将干燥速率 u 对物料含水量 X 作图，即可得到干燥速率曲线，如图 2-19 所示。

干燥过程可分为以下三个阶段。

（1）物料预热阶段（AB 段）

在开始干燥时，有一较短的预热阶段，空气中部分热量用来加热物料，物料含水量随时间变化不大。

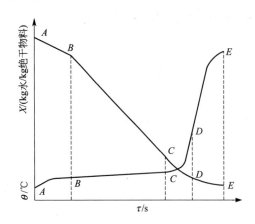 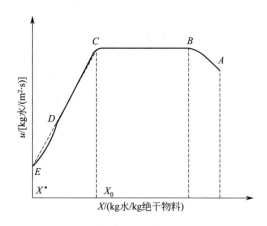

图 2-18　恒定空气条件下的干燥曲线和物料表面温度　　图 2-19　恒定空气条件下的干燥速率曲线

（2）恒速干燥阶段（BC 段）

由于物料表面存在自由水分，物料表面温度等于空气的湿球温度，传入的热量只用来蒸发物料表面的水分，物料含水量随时间成比例减少，干燥速率恒定且最大。

（3）降速干燥阶段（CDE 段）

物料含水量减少到某一临界含水量（X_0），由于物料内部水分的扩散慢于物料表面的蒸发，不足以维持物料表面保持湿润，而形成干区，干燥速率开始降低，物料温度逐渐上升。物料含水量越小，干燥速率越慢，直至达到平衡含水量（X^*）而终止。

干燥速率 u 为单位时间在单位面积上汽化的水质量，用微分式表示为：

$$u = \frac{\mathrm{d}W}{A\,\mathrm{d}\tau} \approx \frac{\Delta W}{A\Delta\tau} \tag{2-41}$$

式中，u 为干燥速率，kg 水/（$m^2 \cdot s$）；A 为干燥表面积，m^2；τ 为相应的干燥时间，s；W 为汽化的水质量，kg；$\Delta\tau$ 为时间间隔，s；ΔW 为 $\Delta\tau$ 时间间隔内汽化的水质量，kg。

图 2-15 中的干燥速率曲线中，横坐标 X 为对应于某干燥速率下的物料平均含水量，即

$$X = \frac{X_i + X_{i+1}}{2} \tag{2-42}$$

式中，X_i 和 X_{i+1} 分别为第 i 个时间间隔 $\Delta\tau_i$ 开始和终了时的含水量，kg 水/kg 绝干物料。其中 X_i 可由下式计算

$$X_i = \frac{G_{s,i} - G_c}{G_c} \tag{2-43}$$

式中，$G_{s,i}$ 为第 i 个时间间隔 $\Delta\tau_i$ 开始时取出的湿物料的质量，kg；G_c 绝干物料质量，kg。

干燥速率曲线只能通过实验测定，因为干燥速率不仅取决于空气的性质和操作条件，而且还受物料性质结构及含水量的影响。本实验装置为间歇操作的沸腾床干燥器，可测定达到一定干燥要求所需的时间，为工业上连续操作的流化床干燥器提供相应的设计参数。

2.5.3　实验原料及装置

实验原料主要为用于洞道干燥实验的湿物料。洞道干燥装置主要由洞道式干燥器、可变

频风机、空气加热器、空气分布器构成，同时还有干球温度计、湿球温度计、空气入口温度计、孔板流量计、重量传感器、压差计等仪表。本仿真实验的界面如图 2-20 所示。

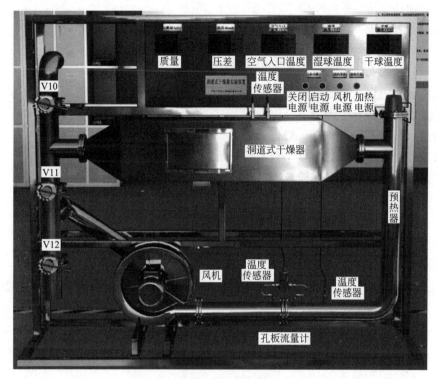

图 2-20　洞道干燥实验仿真实验界面

2.5.4　实验步骤

2.5.4.1　实验前准备工作

① 实验开始前设置实验物料种类。

② 记录支架重量。

③ 记录干物料重量。

④ 记录浸水后的物料重量。

⑤ 记录空气温度。

⑥ 记录环境湿度。

⑦ 输入大气压力。

⑧ 输入孔板流量计孔径。

⑨ 输入湿物料面积。

⑩ 设置参数完成后，记录数据。

2.5.4.2　开启风机

① 打开风机进口阀门 V12。

② 打开出口阀门 V10。

③ 打开循环阀门 V11。

④ 打开总电源开关。

⑤ 启动风机。

2.5.4.3　开启加热电源

① 启动加热电源。

② 在"查看仪表"中设定洞道内干球温度，缓慢加热到指定温度。

2.5.4.4　开始实验

① 在空气流量和干球温度稳定后，记录实验参数。

② 双击物料进口，小心将物料放置在托盘内，关闭物料进口门。

③ 记录数据，每 2 分钟记录一组数据，记录 10 组数据。

④ 当物料重量不再变化时，双击物料进口，停止实验。

⑤ 重新设定洞道内干球温度，稳定后开始新的实验。

⑥ 选择其他物料，重复实验。

2.5.4.5　停止实验

① 停止实验，关闭加热仪表电源。

② 待干球温度和进气温度相同时，关闭风机电源。

③ 关闭总电源开关。

第3章 化工单元操作仿真实训

3.1 间歇釜反应单元操作仿真实训

3.1.1 实训目的

间歇釜反应单元是化工生产过程中的重要单元操作之一，在助剂、制药、染料等生产过程中广泛应用。"间歇釜反应单元 3D 虚拟现实仿真"实验教学目标可分为三部分：①通过3D 虚拟仿真软件操作，掌握间歇釜反应化工单元操作的工艺流程、设备布置、重要设备及其相关知识点。②通过软件内置工艺操作流程，理解各步骤的含义及调节效果，熟悉该单元操作的开车、停车实际流程。③通过虚拟仿真软件内置工艺操作流程中的常见事故，理解各步骤的含义及调节效果，遇到常见事故能够及时处理，熟悉工艺流程中可能出现的事故及处理方法。

训练目的如下：

① 熟悉间歇釜反应单元化工设备、车间布局，掌握相关设计原则。

② 掌握间歇釜反应单元化工仿真工艺流程，学习间歇釜反应车间操作流程和生产控制的基本知识；理论与实践结合，熟悉间歇釜反应化工生产的主要控制方法和控制手段，掌握生产操作规程，具有实际动手操作控制生产流程的技能。

③ 了解间歇釜反应单元操作的生产设备，掌握化工事故的处理方案。

3.1.2 工艺原理

间歇反应在助剂、制药、染料等行业的生产过程中很常见。本工艺过程的产品（2-巯基苯并噻唑）就是橡胶制品硫化促进剂 DM（$2,2'$-二硫代苯噻唑）的中间产品，它本身也是硫化促进剂，但活性不如 DM。

全流程的缩合反应包括备料工序和缩合工序。考虑到突出重点，将备料工序略去。则缩合工序共有三种原料，多硫化钠（Na_2S_n）、邻硝基氯苯（$C_6H_4ClNO_2$）及二硫化碳（CS_2）。

主反应如下：

$$2C_6H_4NClO_2+Na_2S_n \longrightarrow C_{12}H_8N_2S_2O_4+2NaCl+(n-2)S\downarrow$$
$$C_{12}H_8N_2S_2O_4+2CS_2+2H_2O+3Na_2S_n \longrightarrow 2C_7H_4NS_2Na+2H_2S\uparrow+3Na_2S_2O_3+(3n+4)S\downarrow$$

副反应如下：

$$C_6H_4NClO_2+Na_2S_n+H_2O \longrightarrow C_6H_6NCl+Na_2S_2O_3+(n-2)S\downarrow$$

工艺流程如图 3-1：来自备料工序的 CS_2、$C_6H_4ClNO_2$、Na_2S_n 分别注入计量罐及沉淀罐中，经计量沉淀后利用位差及离心泵压入反应釜中，釜温由夹套中的蒸汽、冷却水及蛇管中的冷却水控制，设有分程控制 TIC101（只控制冷却水），通过控制反应釜温度来控制反应速度及副反应速度，以获得较高的收率及确保反应过程安全。

在本工艺流程中，主反应的活化能要比副反应的活化能高，因此升温后更利于反应收率。在90℃的时候，主反应和副反应的速度比较接近，因此，要尽量延长反应温度在90℃以上时的时间，以获得更多的主反应产物。

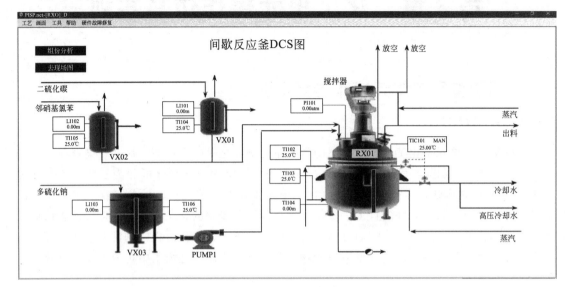

图 3-1　间歇反应釜 DCS 图

3.1.3　工艺设备

R01：间歇反应釜。

VX01：二硫化碳计量罐。

VX02：邻硝基氯苯计量罐。

VX03：多硫化钠沉淀罐。

PUMP1：离心泵。

3.1.4　实训操作

3.1.4.1　启动虚拟仿真软件

① 如图 3-2 所示，双击该图标启动软件。

② 点击"培训工艺"和"培训项目"，根据教学学习需要点选某一培训项目，然后点击"启动项目"启动软件。启动后显示 3D 软件界面和操作阀门仪表步骤提示，如图 3-3 和图 3-4 所示。本单元操作知识点介绍了间歇反应釜所用到的主要设备及阀门，在 2D 界面有知识点的按钮，也可从 3D 中控室中双击电脑屏幕调出知识点界面。

③ 启动仿真软件后，可以在 3D 现场中操作阀门开关，在 2D 界面中观察设备总览图，但操作一般需在 3D 界面进行。仪表和流量计等一般在 DCS 界面中操作（如图 3-1）。

3.1.4.2　开车操作步骤

装置开工状态为各计量罐、反应釜、沉淀罐处于常温、常压状态，各种物料均已备好，大部分阀门、机泵处于关停状态（除蒸汽联锁阀外）。

间歇反应釜
冷态开车
操作

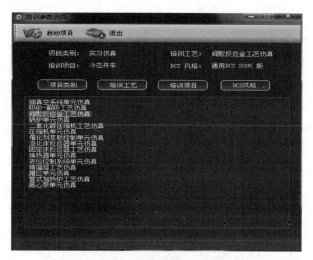

图 3-2 启动项目界面

图 3-3 3D 场景仿真系统运行界面

图 3-4 操作质量评分系统运行界面

备料过程

（1）向沉淀罐 VX03 进料（多硫化钠）

① 开阀门 V9，向罐 VX03 充液。

② VX03 液位接近 3.60m 时，关小 V9，至 3.60m 时关闭 V9。

③ 静置 4min（实际 4h）备用。

（2）向计量罐 VX01 进料（二硫化碳）

① 开放空阀门 V2。

② 开溢流阀门 V3。

③ 开进料阀 V1，开度约为 50%，向罐 VX01 充液。液位接近 1.4m 时，可关小 V1。

④ 溢流标志变绿后，迅速关闭 V1。

⑤ 待溢流标志再度变红后，可关闭溢流阀 V3。

（3）向计量罐 VX02 进料（邻硝基氯苯）

① 开放空阀门 V6。

② 开溢流阀门 V7。

③ 开进料阀 V5，开度约为 50%，向罐 VX01 充液。液位接近 3.2m 时，可关小 V5。

④ 溢流标志变绿后，迅速关闭 V5。

⑤ 待溢流标志再度变红后，可关闭溢流阀 V7。

进料

（1）微开放空阀 V12 准备进料

（2）从 VX03 中向反应器 RX01 中进料（多硫化钠）

① 打开泵前阀 V10，向进料泵 PUM1 中充液。

② 打开进料泵 PUM1。

③ 打开泵后阀 V11，向 RX01 中进料。

④ 至液位小于 0.1m 时停止进料。关泵后阀 V11。

⑤ 关泵 PUM1。

⑥ 关泵前阀 V10。

（3）从 VX01 中向反应器 RX01 中进料（二硫化碳）

① 检查放空阀 V2 开放。

② 打开进料阀 V4 向 RX01 中进料。

③ 待进料完毕后关闭 V4。

（4）从 VX02 中向反应器 RX01 中进料（邻硝基氯苯）

① 检查放空阀 V6 开放。

② 打开进料阀 V8 向 RX01 中进料。

③ 待进料完毕后关闭 V8。

（5）进料完毕后关闭放空阀 V12

开车阶段

① 检查放空阀 V12，进料阀 V4、V8、V11 是否关闭。打开联锁控制。

② 开启反应釜搅拌电机 M1。

③ 适当打开夹套蒸汽加热阀 V19，观察反应釜内温度和压力上升情况，保持适当的升温速度。

④ 控制反应温度直至反应结束。

反应过程控制

① 当温度升至 55～65℃左右关闭 V19，停止通蒸汽加热。

② 当温度升至 70～80℃左右时微开 TIC101（冷却水阀 V22、V23），控制升温速度。

③ 当温度升至 110℃以上时，是反应剧烈的阶段，应小心加以控制，防止超温。当温度难以控制时，打开高压水阀 V20，并可关闭搅拌器 M1 以使反应降速。当压力过高时，可微开放空阀 V12 以降低气压，但放空会使 CS_2 损失，污染大气。

④ 反应温度大于 128℃时，相当于压力超过 8atm，已处于事故状态，如联锁开关处于"on"的状态，联锁启动（开高压冷却水阀，关搅拌器，关加热蒸汽阀）。

⑤ 压力超过 15atm（相当于温度大于 160℃），反应釜安全阀作用。

3.1.4.3 热态开车操作规程

（1）反应中要求的工艺参数

① 反应釜中压力不大于 8atm。

② 冷却水出口温度不小于 60℃，如小于 60℃易使硫在反应釜壁和蛇管表面结晶，使传热不畅。

（2）主要工艺生产指标的调整方法

① 温度调节：操作过程中以温度为主要调节对象，以压力为辅助调节对象。升温慢会引起副反应速度大于主反应速度的时间段过长，因而引起反应的产率低，升温快则反应容易失控。

② 压力调节：压力调节主要是通过调节温度实现的，但在超温的时候可以微开放空阀，使压力降低，以达到安全生产的目的。

③ 收率：由于在 90℃以下时，副反应速度大于正反应速度，因此在安全的前提下快速升温是收率高的保证。

（3）停车操作规程

本操作规程仅供参考，详细操作以评分系统为准。在冷却水量很小的情况下，反应釜的温度下降仍较快，则说明反应接近尾声，可以进行停车出料操作。

① 打开放空阀 V12 约 5～10s，放掉釜内残存的可燃气体。关闭 V12。

② 向釜内通增压蒸汽。

打开蒸汽总阀 V15。

打开蒸汽加压阀 V13 给釜内升压，使釜内气压高于 4atm。

③ 打开蒸汽预热阀 V14 片刻。

④ 打开出料阀门 V16 出料。

⑤ 出料完毕后保持开 V16 约 10s 进行吹扫。

⑥ 关闭出料阀 V16（尽快关闭，超过 1 分钟不关闭将不能得分）。

⑦ 关闭蒸汽阀 V15。

（4）仪表及报警一览表（表 3-1）

表 3-1　仪表及报警总表

位号	说明	类型	正常值	量程高限	量程低限	工程单位	高报	低报	高高报	低低报
TIC101	反应釜温度控制	PID	115	500	0	℃	128	25	150	10
TI102	反应釜夹套冷却水温度	AI		100	0	℃	80	60	90	20
TI103	反应釜蛇管冷却水温度	AI		100	0	℃	80	60	90	20
TI104	二硫化碳计量罐温度	AI		100	0	℃	80	20	90	10
TI105	邻硝基氯苯罐温度	AI		100	0	℃	80	20	90	10
TI106	多硫化钠沉淀罐温度	AI		100	0	℃	80	20	90	10
LI101	二硫化碳计量罐液位	AI		1.75	0	m	1.4	0	1.75	0
LI102	邻硝基氯苯罐液位	AI		1.5	0	m	1.2	0	1.5	0
LI103	多硫化钠沉淀罐液位	AI		4.0	0	m	3.6	0.1	4.0	0
LI104	反应釜液位	AI		3.15	0	m	2.7	0	2.9	0
PI101	反应釜压力	AI		20	0	atm	8	0	12	0

3.1.4.4　事故设置一览

（1）超温（压）事故

原因：反应釜超温（超压）。

现象：温度大于 128℃（气压大于 8atm）。

处理：① 开大冷却水，打开高压冷却水阀 V20。

② 关闭搅拌器 PUM1，使反应速度下降。

③ 如果气压超过 12 atm，打开放空阀 V12。

（2）搅拌器 M1 停转

原因：搅拌器坏。

现象：反应速度逐渐下降为低值，产物浓度变化缓慢。

处理：停止操作，出料维修。

（3）冷却水阀 V22、V23 卡住（堵塞）

原因：蛇管冷却水阀 V22 卡。

现象：开大冷却水阀对控制反应釜温度无作用，且出口温度稳步上升。

处理：开冷却水旁路阀 V17 调节。

（4）出料管堵塞

原因：出料管硫磺结晶，堵住出料管。

现象：出料时，内气压较高，但釜内液位下降很慢。

处理：开出料预热蒸汽阀 V14 吹扫 5min 以上（仿真中采用）。拆下出料管用火烧化硫黄，或更换管段及阀门。

（5）测温电阻连线故障

原因：测温电阻连线断。

现象：温度显示置零。

处理：改用压力显示对反应进行调节（调节冷却水用量）。

升温至压力为 0.3～0.75atm 就停止加热。

升温至压力为 1.0～1.6atm 开始通冷却水。

压力为 3.5～4atm 以上为反应剧烈阶段。

反应压力大于 7atm，相当于温度大于 128℃处于故障状态。

反应压力大于 10atm，反应器联锁启动。

反应压力大于 15atm，反应器安全阀启动（以上压力为表压）。

3.2 多釜串联返混性能测定仿真实训

3.2.1 仿真实训目的

多釜串联返混实验装置是测定带搅拌器的釜式液相反应器中物料返混情况的一种设备，具体要求如下：

① 了解多釜串联返混性能测定虚拟仿真工艺流程的基本原理。

② 熟悉多釜串联返混性能测定虚拟仿真工艺的操作流程及注意事项。

多釜串联
返混性能测定
仿真实训操作

3.2.2 工艺原理

多釜串联返混性能测定通常是在固定搅拌马达转数和液体流量的条件下，加入示踪剂，由各级反应釜流出口测定示踪剂浓度随时间变化曲线，再通过数据处理得以证明返混对釜式反应器的影响，并能通过计算机得到停留时间分布密度函数及多釜串联流动模型的关系。对于返混程度的大小，通常是利用物料停留时间分布的测定来研究返混程度。

3.2.3 实训操作

3.2.3.1 运行方式选择

（1）如图启动软件后，将会出现形如下图的界面（图 3-5）。

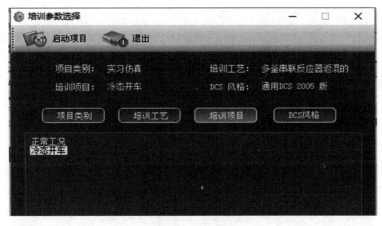

图 3-5 启动项目

（2）选择培训工艺和培训项目

点击"培训工艺"和"培训项目"，根据教学学习需要点选择培训项目，然后点击"启动项目"启动仿真项目。

（3）选择合适的分辨率运行软件

① 选择合适的分辨率，可根据显示屏分辨率调整达到最佳运行效果。

② 选择窗口或者全屏运行，勾选表示窗口运行。

③ 点击"PLAY!"，启动软件，如图 3-6 所示。

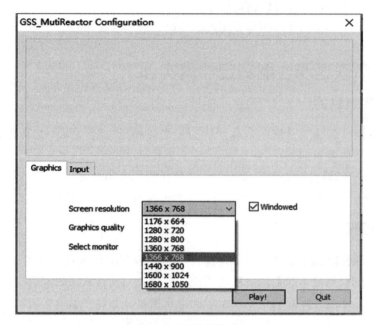

图 3-6 选择分辨率

（4）主界面认识

在程序加载完相关资源后，出现仿真操作主界面：3D 界面，如图 3-7 所示。可在该界面中选择对应的仿真项目，点击运行。

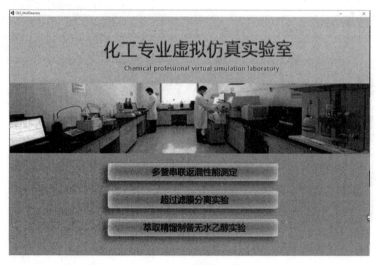

图 3-7 操作主界面

3.2.3.2 操作规程

（1）软件介绍

本实验分为实验技能拓展室和专业实验室两部分：①实验技能拓展室承担了实验前的准备工作，包括更换实验着装、学习实验内容、学习效果检测和常见化工设备原理及结构展示共 4 部分。②专业实验室部分包括实验室危险源辨识、实验用品的选择、实验 2D 流程图的搭建、实验 3D 场景设备选型和专业实验共 5 部分。

（2）如图 3-8，点击左上角跳过学习按钮，可以直接开始 3D 设备选型做实验。

图 3-8　虚拟实验室

（3）点击中间白色发光界面，开始进行完整实验流程学习。

3.2.3.3　操作步骤

（1）进入实验技能拓展室

点击欢迎进入化工专业实验室，按 W 键向前移动，直到实验技能拓展室门口，点击黄色闪烁的门把手，进入实验技能拓展室，如图 3-9。

图 3-9　实验技能拓展室

（2）更换实验着装

查看技能拓展室介绍，点击选择合适的实验室衣物，如图 3-10。

（3）查看拓展室注意事项

穿戴完成后自动弹出实验室的注意事项包括实验室内容、注意事项和本实验室的位置图。

（4）学习实验内容

点击墙上的电视弹出本实验的内容，如图 3-11。

（5）学习效果检测

如图 3-12，点击关闭按钮，弹出实验测试题，作答完成点击提交按钮。

图 3-10　更换着装

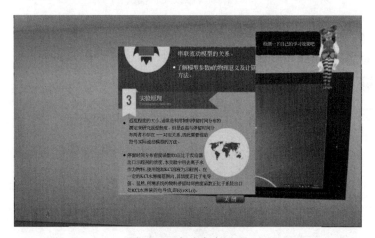

图 3-11　实验内容展示

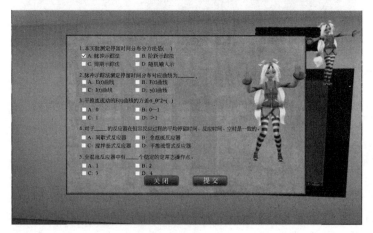

图 3-12　效果检测

（6）实验室危险源辨识

实验室中模拟出 10 处疑似危险源物品，如图 3-13，左上角有需要辨识的数量提示，请把其中危险源找出并选择合适的处理方式。

图 3-13　危险物品展示

（7）实验用品的选择

选择实验用品，如图 3-14，选择完成后点击确认。

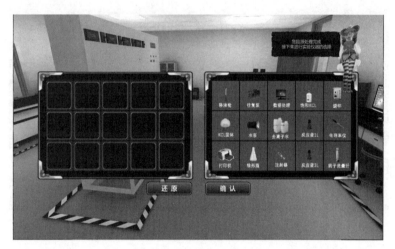

图 3-14　选择实验用品

（8）实验 2D 流程图的搭建

左侧为实验设备、阀门、仪表等，把它们拖动到右侧空白处绘制出实验流程的 PID 图中。红色圆点为连接点，点击红色圆点，它会变成绿色，点击下一处要连接的红点，即可自动生成一条管道。按住鼠标左键为拖动设备，生成的管道都可任意移动。单击鼠标右键会弹出删除按钮，点击可删除对应物体。绘制完成后，点击右上角提交按钮，可查看评分结果，如图 3-15，左侧为学生所绘制的图，右侧为参考答案。

（9）实验 3D 场景设备选型

单击进入 3D 场景，有 4 种设备需要选择，泵、水箱、反应釜和流量计，以泵为例说明：左键单击水泵，弹出二级菜单，鼠标悬浮在上面，显示型号和主要参数，单击选择其中一个泵，场景中会出现一个黄色闪烁的长方体，单击闪烁，泵就被放置在此处。其他设备操作相同。

（10）管道拼接

选择好设备之后，点击管道拼接，如图 3-16，搭建管道操作和设备选择相同，选错管道重新选择时点击还原管道即可。

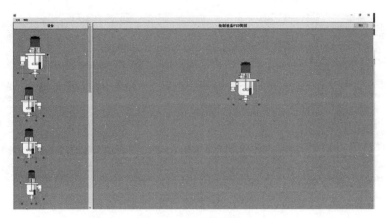

图 3-15　绘制设备图

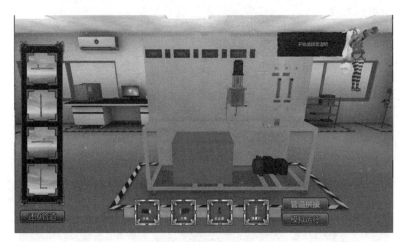

图 3-16　选择管道图

（11）模拟运行

完成后点击模拟运行，可查看正误，如图 3-17，根据错误提示修改对应设备直至选型正确正式开始实验（选择柱塞泵和高压离心泵时会出现溢流或者转子流量计炸裂效果）。

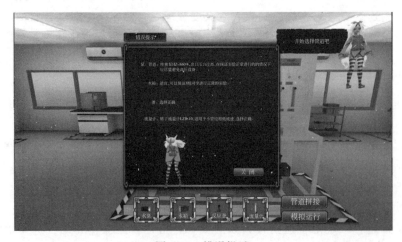

图 3-17　错误提示

（12）正式操作步骤

正式操作方法与前面章节相似，可在 2D 界面中观察总设备图，如图 3-18。只需按照操作步骤和评分提示界面操作即可，如图 3-19。

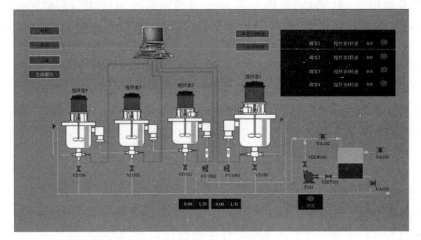

图 3-18　设备界面图

图 3-19　操作步骤和评分图

具体步骤如下：

单釜操作

① 打开水泵 P101 前阀 VDIP101。

② 启动水泵 P101。

③ 打开水泵 P101 后阀 VDOP101。

④ 点击单釜按钮。

⑤ 调节转子流量计使进搅拌釜流量为 22.5L/h。

⑥ 搅拌釜 1 液位充满后开启电源开关。

⑦ 打开搅拌釜 1 搅拌器开关。

⑧ 调节搅拌釜 1 转速。

⑨ 把搅拌釜 1 的电导率归零。

⑩ 系统稳定后注入示踪剂 KCl 的饱和溶液。

⑪ 采集数据。

⑫ 本实验需记录 25～30 组数据，前 15 组时间间隔为 24s，后 15 组为 72s，所需时间约为 25min，软件数据记录时间为 3min，数据采集系统自动记录数据并处理生成实验报告。

⑬ 结束采集。

⑭ 关闭搅拌釜 1 搅拌器开关。

⑮ 调节转子流量计使流量归零。

⑯ 点击单釜按钮关。

⑰ 打开搅拌釜 1 排水阀 VD101。

⑱ 搅拌釜 1 排完水后关闭排水阀 VD101。

⑲ 单釜实验完成，下面开始三釜操作。

三釜操作

① 点击打开三釜按钮，调节转子流量计使流量达到 22.5L/h，搅拌釜 2 液位充满后打开搅拌器 2 开关，调节搅拌器 2 转速。

② 搅拌釜 3 液位充满后点击搅拌器 3 开关，调节搅拌器 3 转速，搅拌釜 4 液位充满后点击搅拌器 4 开关，调节搅拌器 4 转速。

③ 点击调零 2 把搅拌釜 2 的电导率归零，点击调零 3 把搅拌釜 3 的电导率归零，点击调零 4 把搅拌釜 4 的电导率归零。

④ 系统稳定后，注入示踪剂 KCl 饱和溶液开始采集数据，观察电导率值在两分钟内无明显变化则终点已到，点击结束采集。

⑤ 实验结束关闭搅拌釜 2 开关，关闭搅拌釜 3 开关，关闭搅拌釜 4 开关。

⑥ 调节转子流量计使流量归零。

⑦ 点击关闭三釜按钮，关闭电源按钮，关闭水泵 P101 后阀 VDOP101。

⑧ 停水泵 P101，关闭水泵 P101 前阀 VDIP101，打开搅拌釜 2 排水阀 VD102，打开搅拌釜 3、排水阀 VD103，打开搅拌釜 4 排水阀 VD104。

⑨ 排净水后关闭搅拌釜 2 排水阀 VD102，排净水后关闭搅拌釜 3 排水阀 VD103，排净水后关闭搅拌釜 4 排水阀 VD104。

生成实验报告

实验结束，在 2D 界面点击绿色按钮生成报告，等待 5～10s，即可自动生成 pdf 版实验报告。

3.3 乙苯脱氢制苯乙烯仿真实训

3.3.1 实训目的

① 充分利用计算机采集和控制系统具有的快速、大容量和实时处理的特点，进行乙苯脱氢实验室有关的安全及工艺知识学习，提高操作综合能力。

② 掌握乙苯脱氢制苯乙烯固定床反应机理及工艺过程。

乙苯脱氢制
苯乙烯仿真
实训操作

③ 掌握沸石膜（分子筛膜）乙苯脱氢催化分离一体化的原理、工艺流程及特点，对沸石膜催化分离一体化有清晰的认识。

④ 掌握减压精馏的原理与过程。

⑤ 学会上述实验装置的操作与正确使用。

3.3.2　工艺原理

沸石膜乙苯脱氢制苯乙烯催化分离一体化综合实验，主要包含三部分内容：乙苯脱氢制苯乙烯固定床反应实验；沸石膜乙苯脱氢反应实验；乙苯/苯乙烯减压精馏实验。

3.3.2.1　固定床反应原理

乙苯脱氢是一个可逆强吸热增分子反应，加热减压有利于反应向生成苯乙烯方向进行。一般认为，乙苯催化脱氢主要包含以下反应：

主反应：　　　　　$C_6H_5C_2H_5 \longrightarrow C_6H_5CH{=\!=}CH_2 + H_2$　　　117.8kJ/mol

主要副反应：　　　$C_6H_5C_2H_5 \longrightarrow C_6H_6 + C_2H_4$　　　105kJ/mol

当有氢气存在时：　$C_6H_5C_2H_5 + 2H_2 \longrightarrow C_6H_6 + 2CH_4$

　　　　　　　　　$C_6H_5C_2H_5 + H_2 \longrightarrow C_6H_6 + C_2H_6$

　　　　　　　　　$C_6H_5C_2H_5 + 2H_2 \longrightarrow C_6H_5CH_3 + CH_4$

当有水蒸气存在时：$C_6H_5C_2H_5 + 2H_2O \longrightarrow C_6H_5CH_3 + CO_2 + 3H_2$

因为反应为强吸热反应并且反应后分子体积增大，所以，工业上采用按一定比例在进料中加入水蒸气的方法，来及时提供反应所需的部分热量，同时，还可以降低烃分压，使反应向生成苯乙烯的方向进行。在反应过程中，水烃比、乙苯的液体空速、反应温度是主要考察的影响因素。

乙苯脱氢反应器有等温和绝热两种。等温反应器通常采用列管式结构，热量主要由加热炉提供，反应过程中温度相对稳定，乙苯转化率较高，但因为反应为强吸热反应，而催化剂为热的不良导体，当反应器体积较大时，在反应器中心的温度会与周边的温度相差较大，径向温度分布较宽，对反应不利。绝热反应器是将反应所需的热量由水蒸气来提供，通常进料温度较高，水蒸气量较大，反应过程中呈现前段反应温度高，后段反应温度低的特点，转化率较等温反应器低，但反应采用径向反应器，可以减小气体通过催化剂层的温度降、压力降，并分段引入过热蒸汽，使轴向温度相对分布均匀。两种反应器中等温反应器适用于小规模生产，绝热反应器适用于大规模生产。目前，工业过程中，绝大部分采用绝热反应器且一般为两段反应。

3.3.2.2　沸石膜乙苯脱氢反应原理

沸石膜乙苯脱氢反应与固定床相比，反应过程相同，只是增加了膜分离氢气的过程。因为反应为可逆反应，越接近平衡转化率，正反应的速率越低，逆反应的速率越高。当反应产物中的氢气被膜分离出去后，会使乙苯转化率不再受反应平衡的限制，逆反应速率下降，正反应速率增加，乙苯转化率提高。同时因为氢气的移出，可以使一些副反应得到抑制，提高苯乙烯的选择性，大幅度提高产品收率。在工业过程中，乙苯脱氢反应多为二段式反应，为了将膜分离器与工业过程中二段式反应工艺耦合，经过对膜反应过程的数学模拟，选择了离散式膜反应器的工艺过程，其构成如图 3-20 所示，即在二段固定床之间增加一个膜分离器，通过此分离器将一段反应产物中的氢气分离出体系，余下的贫氢反应气进入二段固定床继续反应，在二段反应器中实现乙苯转化率的提高。

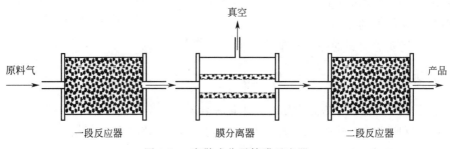

图 3-20　离散式分子筛膜反应器

3.3.2.3　乙苯/苯乙烯减压蒸馏原理

在乙苯脱氢生产苯乙烯之后，产物中会存在未反应的乙苯。通过精馏，可以得到高纯度产品苯乙烯，同时，原料乙苯得到回收，可以返回体系继续反应，有利于提高乙苯的转化率。因为乙苯和苯乙烯沸点接近，常压下只相差 9℃，分离时所需塔板数较多，约 80 块以上，属于典型的精密精馏，同时，苯乙烯在高温下易聚合，为了减少聚合反应的发生，除加对苯二酚等阻聚剂外，还要采用减压操作，控制塔釜温度在 90℃ 以下。

3.3.3　软件启动操作

① 软件启动界面：如图 3-21，点击选择启动该仿真项目。

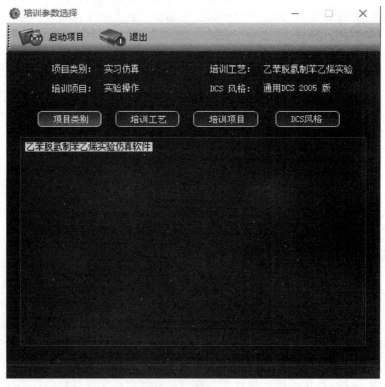

图 3-21　启动界面

② 启动项目后，操作者需要在 3D 场景仿真界面中进行操作，根据任务提示进行操作，如图 3-22；2D 场景中（图 3-23）只能观察实验装置的整体状态情况，不能进行操作；评分界面可以查看实验任务的完成情况及得分情况。

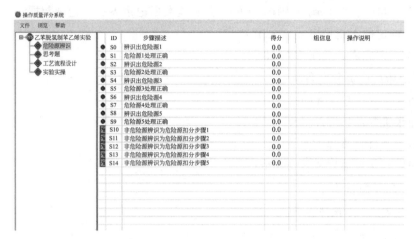

图 3-22 操作质量评分系统运行界面

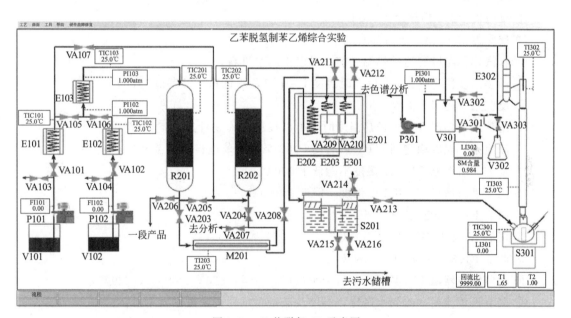

图 3-23 乙苯脱氢 2D 示意图

3.3.4 实训操作

（1）准备工作

① 打开电加热器总电源，并确认各电加热器功率为零，各温度点无异常。

② 打开计量泵总电源。

③ 打开冰箱电源。

④ 打开冷却水总阀。

（2）计量泵标定

① P101 计量泵标定，全开 VA103。

② P101 计量泵标定，启动 P101。

③ P101 计量泵标定，调整 P101 冲程，去实验数据记录表点击记录数据。

④ P101 标定数据记录完成，关闭 P101。

⑤ P101 标定完成，关闭 VA103。

（3）固定床反应流程准备

① 打通水进料流程 VA101。

② 打通水进料流程 VA105。

③ 打通乙苯进料流程 VA102/4、打通乙苯进料流程 VA106。

④ 打通固定床反应器流程 VA205。

（4）固定床反应操作

① 水汽化器 E101 预热至 150～200℃。

② 乙苯汽化器 E102 预热至 150～200℃。

③ 反应器进料预热器 E103 预热至 150～200℃。

④ 反应器 R201 预热至 100℃以上。

⑤ 反应器 R202 预热至 100℃以上。

⑥ 水汽化器温度到达预热温度前不可以投用水进料。

⑦ 预热温度稳定在 150℃以上时启动 P101 泵，水进料（参考值 3.00）。

⑧ 反应系统逐步升温至 550℃。

⑨ 乙苯汽化器温度低于预热温度时不可以投用乙苯进料。

⑩ 反应系统温度稳定到 550℃后启动 P102 泵，乙苯进料（参考值 1.44）。

⑪ 水进料后控制 TIC101 温度不能低于 100℃。

⑫ 乙苯进料后控制 TIC102 温度不能低于 100℃。

⑬ 调节 E101 升温至 480～500℃。

⑭ 调节 E102 升温至 480～500℃。

⑮ 调节 E103 升温至 560～580℃。

⑯ 调节反应器温度，温度稳定后记录数据（参考：580℃、600℃、620℃）。

⑰ 调节乙苯流量，改变水烃比，温度及流量稳定后记录数据（参考：1.44、1.2、1）。

（5）沸石膜反应实验

① 打通膜分离器流程 VA203。

② 打通膜分离器流程 VA204。

③ 关闭固定床反应流程。

④ 打通膜分离器流程 VA208。

⑤ 打通抽真空流程 VA211。

⑥ 打开真空泵 P301。

⑦ 调节阀 VA302 控制压力在 0.1atm。

⑧ 调节乙苯流量，改变水烃比，温度及流量稳定后记录数据（参考：1、1.2、1.44）。

⑨ 调节反应器温度，温度稳定后记录数据（参考：620℃、600℃、580℃）。

（6）精馏操作

① 精馏实验原料准备好，S201 中储备足够油相。

② 精馏原料准备好后，便可打开 VA213 向精馏单元进料。

③ 打通抽真空流程 VA212。

④ 向精馏单元进料后，加入阻聚剂。

⑤ 加入阻聚剂之前不可以进行精馏单元的加热。

⑥ 开启精馏加热，开始进行精馏实验，并逐步升温。

⑦ 打开精馏产品收集瓶进口阀门，设置合适的回流比。

⑧ 控制合适的回流比，产品收集瓶收集产品。

（7）生成实验报告

在 2D 界面点击绿色按钮生成报告，等待 5～10s，即可自动生成实验报告。

3.4　离心泵单元操作仿真实训

3.4.1　实训目的

① 掌握离心泵的正常开车和停车操作。

② 掌握离心泵的流量调节操作。

③ 掌握离心泵常见故障的处理方法。

3.4.2　工艺原理

3.4.2.1　离心泵工作原理

流体输送过程是化工生产中最常见的单元操作。为了克服输送过程中的机械能损失，提高位能和流体的压强，流体输送必须采用输送设备以提高能量。输送液体的机械设备称为泵，其中利用离心作用工作的泵称为离心泵。离心泵具有结构简单、流量均匀和效率高等特点。

离心泵由叶轮、泵体、泵轴、轴承、密封环和填料函六部分组成。离心泵启动前一般需要进行灌泵操作，即在壳体内充满被输送的液体，排出泵腔内的空气，使泵腔内形成低压或真空。离心泵在电机的带动下，泵轴带动叶轮高速旋转，叶轮的叶片推动其间的液体转动，液体在离心力的作用下，从叶轮中心被甩向外围，获得动能，高速流入泵壳，当液体到达蜗形通道后，由于截面积逐渐扩大，大部分动能变成静压能，于是液体以较高的压力送至所需的地方。叶轮中心的液体被甩出后，叶轮中心的压力下降，形成一定的真空，此时叶轮中心处的压强小于贮槽液面上方的压强，产生了压力差，液体便吸入泵壳内，如此往复循环实现离心泵的运行。

离心泵的操作中应避免"汽蚀"和"气缚"现象的发生。"汽蚀"现象的发生是指离心泵的安装高度过高，导致泵内压力降低，当泵内压力最低点降至被输送液体的饱和蒸气压时，被吸上的液体在真空区发生大量汽化产生蒸汽泡，产生的蒸汽泡在随液体从入口向外围流动过程中，又因压力快速增大而急剧破裂或凝结。致使凝结点处产生瞬间真空，周围液体便以极大的速度从周围冲向该点，产生极大的局部冲击力，损坏设备，这种现象称为汽蚀现象。离心泵启动时，如果泵内未充满液体，存在一定空气，由于空气密度相对于输送液体很低，旋转后产生的离心力较小，无法排出空气，致使叶轮中心区形成的低压不足以将液体吸入泵内，不能有效输送液体，此种现象称为离心泵的气缚现象。因此离心泵启动前必须灌泵，并且要封闭启动。

3.4.2.2　工艺流程

如图 3-24，来自界区的 40℃带压液体经液位调节阀 LV101 进入贮罐 V101，贮罐 V101 压力由压力显示控制器 PIC100 分程控制的分界点在 0.5MPa，压力控制阀 PV100A 和 PV100B 用于调节进入贮罐 V101 的氮气量。当压力高于 0.5MPa 时，压力控制阀 PV100B 打开泄压；当压力低于 0.5MPa 时，压力控制阀 PV100A 打开充压。贮罐 V101 液位由液位显示控制器 LIC101 控制，进料量维持在液位的 50%，罐内液体由泵 P201A/B 抽出，送至界区外，泵出口流量由流量显示控制器 FIC100 控制在 20000kg/h。

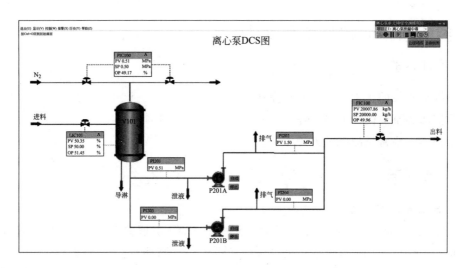

图 3-24　离心泵单元操作 DCS 图

3.4.3　工艺装置

3.4.3.1　设备

本装置的设备包含 1 个贮罐和 2 个离心泵，离心泵中，P201A 为常用泵，P201B 为备用泵，具体信息可参见表 3-2。

表 3-2　离心泵单元操作设备

序号	设备位号	设备名称	备注
1	V101	贮罐	
2	P201A	离心泵	常用泵
3	P201B	离心泵	备用泵

3.4.3.2　仪表

本装置的仪表总共为 7 个，其中包含 3 个显示控制仪表和 4 个显示仪表，各仪表的具体信息参见表 3-3。

表 3-3　离心泵单元操作仪表

序号	仪表位号	功能	控制阀门	单位	正常值
1	LIC101	贮罐 V101 液位显示控制	LV101	%	50±5
2	PIC100	贮罐 V101 压力显示控制	PV100A、PV100B	MPa	0.5
3	FIC100	泵 P201A/B 出口流量显示控制	FV100	kg/h	20000
4	PI201	泵 P201A 进口压力显示		MPa	0.5
5	PI202	泵 P201A 出口压力显示		MPa	1.5
6	PI203	泵 P201B 进口压力显示		MPa	0.5
7	PI204	泵 P201B 出口压力显示		MPa	1.5

3.4.3.3　现场阀门

本装置的现场阀门总共为 17 个，其中与仪表控制系统相关的前阀、后阀和旁路阀共为 12 个，其他阀门为 5 个，具体信息参见表 3-4。

表 3-4　离心泵单元操作现场阀门

序号	阀门位号	阀门名称	序号	阀门位号	阀门名称
1	FV100I	流量控制阀 FV100 前阀	10	LV101I	液位控制阀 LV101 前阀
2	FV100O	流量控制阀 FV100 后阀	11	LV101O	液位控制阀 LV101 后阀
3	FV100B	流量控制阀 FV100 旁路阀	12	LV101B	液位控制阀 LV101 旁路阀
4	PV100AI	压力控制阀 PV100A 前阀	13	V01V101	贮罐 V101 泄液阀
5	PV100AO	压力控制阀 PV100A 后阀	14	V01P201A/B	泵 P201A/B 进口阀
6	PV100AB	压力控制阀 PV100A 旁路阀	15	V02P201A/B	泵 P201A/B 出口阀
7	PV100BI	压力控制阀 PV100B 前阀	16	V03P201A/B	泵 P201A/B 泄液阀
8	PV100BO	压力控制阀 PV100B 后阀	17	V04P201A/B	泵 P201A/B 排气阀
9	PV100BB	压力控制阀 PV100B 旁路阀			

3.4.3.4　主要工艺参数

本工艺过程中的主要工艺参数包含了流量、压力和液位，参数的指标和相关控制仪表可参见表 3-5。

表 3-5　离心泵单元操作主要工艺参数

序号	参数名称	数值	单位	显示仪表
1	泵出口流量	20000	kg/h	FIC100
2	泵进口压力	0.5	MPa	PIC100
3	泵出口压力	0.75	MPa	FIC100
4	贮罐液位	50±5	%	LIC101

3.4.4　实训操作

3.4.4.1　离心泵冷态开车

（1）开工前准备

① 开工前全面大检查各手动阀门是否处于关闭状态；所有显示控制器均设置为手动，对应的控制阀均处于关闭状态。

② 打开液位控制阀 LV101 的前阀 LV101I 和后阀 LV101O、进气压力控制阀 PV100A

的前阀 PV100AI 和后阀 PV100AO、放空压力控制阀 PV100B 前阀 PV100BI 和后阀 PV100BO。

（2）贮罐 V101 充压、充液

① 缓慢降低压力，分程控制进气压力控制阀 PV100A 的开度向贮罐 V101 充压，当压力达到 0.5MPa 后，将压力显示控制器 PIC100 设定为 0.5MPa，设置为自动。

② 打开液位控制器 LIC101 控制的液位控制阀 LV101，设置开度为 50％。

③ 待贮罐 V101 液位达 50％左右，将液位显示控制器 LIC101 设定为 50％，设置为自动。

（3）灌泵排气

① 当贮罐 V101 液位达 40％左右，压力达到正常后，打开泵 P201A 进口阀 V01P201A，向离心泵充液。

② 待泵 P201A 进口处压力指示为 0.5MPa 后，点击灌泵按钮，打开 P201A 泵后排气阀 V04P201A，排放不凝气。

③ 当有液体溢出时，排气显示标志变为绿色，表示泵 P201A 已无不凝气，关闭排气阀 V04P201A。

（4）启动离心泵 P201A

① 检查设备和参数是否正常，检查无误后则启动前准备工作已就绪。

② 启动离心泵 P201A。

③ 打开泵 P201A 的出口阀 V02P201A，当出口压力表 PI202 读数大于泵进口压力表 PI201 读数的 1.5 倍（即 0.75MPa）后，打开泵出口流量控制阀 FV100 的前阀 FV100I 和后阀 FV100O，并逐渐开大流量控制阀 FV100 的开度，使压力表 PI201 和 PI202 分别显示为 0.5MPa 和 1.5MPa。

（5）调整

① 微调流量控制阀 FV100，使流量稳定至 20000kg/h，将流量显示控制器设置为自动，设定值为 20000kg/h。

② 维持贮罐 V101 液位在 50％，压力在 0.5MPa，维持泵出口压力在 1.5MPa。

3.4.4.2 离心泵正常运行

离心泵正常运行过程中，需要对贮罐 V101 的液面进行控制，控制范围为 45％～55％，主要通过液位显示控制器 LIC101 和出口流量显示控制器 FIC100 共同调节实现。贮罐 V101 液面出现异常情况的原因和处理方法如表 3-6 所示。

表 3-6　贮罐 V101 液面异常原因及处理方法

现象	原因	处理措施
贮罐液面高	仪表损坏，导致其控制的阀门无法开启	现场手动开启旁路阀，联系仪表维修人员处理
贮罐液面低	贮罐进料被切断	启动紧急停车预案
贮罐液面低	出口流量过大	关小泵出口阀门，加大贮罐进料量

3.4.4.3 离心泵正常停车

（1）贮罐 V101 停进料

① 将液位控制器 LIC101 设置为手动状态。

② 关闭液位控制阀 LV101 及其前后阀 LV101I 和 LV101O，停止向贮罐 V101 进料。

（2）停泵

① 当贮罐 V101 液位小于 10％时，关闭泵 P201A 的出口阀 V02P201A。

② 关停泵 P201A。

③ 打开泵 P201A 的泵前泄液阀 V03P201A。

④ 关闭泵 P201A 的进口阀 V01P201A。

⑤ 将流量控制器 FIC100 设置为手动状态，并使其控制的液位控制阀 FV100 的开度为 0，关闭流量控制阀 FV100 的前阀 FV100I 和后阀 FV100O。

（3）泵的泄液

① 将泵 P201A 的泄液阀 V03P201A 全开。

② 当液体全部排出后，显示标志为绿色，关闭泄液阀 V03P201A。

（4）贮罐的泄液和放空

① 当贮罐 V101 液位小于 10％时，打开贮罐 V101 的泄液阀 V01V101。

② 当贮罐 V101 液位小于 5％时，打开放空压力控制阀 PV100B 及其前后阀 PV100BI 和 PV100BO。

③ 当贮罐 V101 液体全部排空，关闭泄液阀 V01V101、压力控制阀 PV100B 及其前后阀 PV100BI 和 PV100BO。

3.4.4.4　离心泵事故与处理

（1）离心泵 P201A 故障

事故现象：离心泵 P201A 停止运行，出口压力下降。

事故处理方法：

① 将流量显示控制器 FIC100 改为手动。

② 关闭流量控制阀 FV100。

③ 打开泵 P201B 的进口阀 V01P201B。

④ 泵 P201B 进口管道末端标志变为绿色后，表明灌泵完成。

⑤ 打开泵 P201B 的泵后排气阀 V04P201B，排放不凝气。

⑥ 排气显示标志变为绿色，表示泵 P201B 已无不凝气，关闭排气阀 V04P201B。

⑦ 启动泵 P201B。

⑧ 打开泵 P201B 的后阀 V02P201B。

⑨ 关闭泵 P201A 的后阀 V02P201A。

⑩ 关闭泵 P201A 的前阀 V01P201A。

⑪ 打开泵 P201A 的泵前泄液阀 V03P201A。

⑫ 当液体全部排出，显示标志为绿色，关闭泄液阀 V03P201A。

⑬ 调节流量显示控制器 FIC100 流量保持在 20000kg/h 左右，稳定一段时间后，将 FIC100 设置为自动，设定值为 20000kg/h。

（2）流量控制阀 FV100 阀卡死

事故现象：流量显示控制器 FIC100 出料流量迅速降低。

事故处理方法：

① 打开流量控制阀 FV100 的旁路阀 FV100B。

② 将流量显示控制器 FIC100 设置为手动。

③ 关闭流量控制阀 FV100 的前阀 FV100I。

④ 关闭流量控制阀 FV100 的后阀 FV100O。

⑤ 调节流量显示控制器 FIC100 读数为 20000kg/h。

（3）离心泵 P201A 进口短线堵塞

事故现象：离心泵 P201A 出进口压力急剧下降，流量显示控制器 FIC101 读数急剧减小。

事故处理方法：

① 将流量显示控制器 FIC100 改为手动。

② 关闭流量控制阀 FV100。

③ 打开泵 P201B 的进口阀 V01P201B。

④ 待泵 P201B 进口管道末端标志变为绿色后，表明灌泵完成。

⑤ 打开泵 P201B 的泵后排气阀 V04P201B，排放不凝气。

⑥ 排气显示标志变为绿色，表示泵 P201B 已无不凝气，关闭排气阀 V04P201B。

⑦ 启动泵 P201B。

⑧ 打开泵 P201B 的后阀 V02P201B。

⑨ 关闭泵 P201A 的后阀 V02P201A。

⑩ 关闭泵 P201A 的前阀 V01P201A。

⑪ 打开泵 P201A 的泵前泄液阀 V03P201A。

⑫ 当液体全部排出，显示标志为绿色时，关闭泄液阀 V03P201A。

⑬ 调节流量显示控制器 FIC100 流量保持在 20000kg/h 左右，稳定一段时间后，将 FIC100 设置为自动，设定值为 20000kg/h。

（4）离心泵 P201A 汽蚀

事故现象：离心泵 P201A 出口压力和流量降低，并且剧烈波动。

事故处理方法：

① 流量显示控制器 FIC100 改为手动。

② 关闭流量控制阀 FV100。

③ 打开离心泵 P201B 的前阀 V01P201B。

④ 待泵 P201B 进口管道末端标志变为绿色后，表明灌泵完成。

⑤ 打开 P201B 的泵后排气阀 V04P201B，排放不凝气。

⑥ 待排气显示标志变为绿色，表示泵 P201B 已无不凝气，关闭排气阀 V04P201B。

⑦ 启动泵 P201B。

⑧ 打开泵 P201B 的后阀 V02P201B。

⑨ 关闭泵 P201A 的后阀 V02P201A。

⑩ 关闭泵 P201A 的前阀 V01P201A。

⑪ 打开泵 P201A 的泵前泄液阀 V03P201A。

⑫ 当液体全部排出，显示标志为绿色时，关闭泄液阀 V03P201A。

⑬ 调节流量显示控制器 FIC100 流量保持在 20000kg/h 左右，稳定一段时间后，将 FIC100 设置为自动，设定值为 20000kg/h。

（5）离心泵 P201A 气缚

事故现象：出口压力下降，离心泵 P201A 输送能力下降，流量显示控制器 FIC101 流量急剧减小。

事故处理方法：

① 将流量控制器 FIC100 设置为手动。

② 关闭流量控制阀 FV100。

③ 打开泵 P201B 的前阀 V01P201B。

④ 待泵 P201B 进口管道末端标志变为绿色后，表明灌泵完成。

⑤ 打开泵 P201B 的泵后排气阀 V04P201B，排放不凝气。

⑥ 待排气显示标志变为绿色，表示泵 P201B 已无不凝气，关闭 V04P201B。

⑦ 启动泵 P201B。

⑧ 打开泵 P201B 的后阀 V02P201B。

⑨ 关闭泵 P201A 的后阀 V02P201A。

⑩ 关闭泵 P201A 的前阀 V01P201A。

⑪ 打开泵 P201A 的前泄液阀 V03P201A。

⑫ 当液体全部排出，显示标志为绿色时，关闭泄液阀 V03P201A。

⑬ 调节流量显示控制器 FIC100 流量保持在 20000kg/h 左右，稳定一段时间后，将 FIC100 设置为自动，设定值为 20000kg/h。

（6）停电

事故现象：离心泵 P201A 停止工作，无流量输送，泵后表压为零。

事故处理方法：

停进料

① 将液位显示控制器 LIC101 改为手动。

② 关闭液位控制阀 LV101，停止向贮罐 V101 进料。

③ 关闭液位控制阀 LV101 的前阀 LV101I。

④ 关闭液位控制阀 LV101 的后阀 LV101O。

停泵

① 关闭泵 P201A 的出口阀 V02P201A。

② 关闭泵 P201A 的进口阀 V01P201A。

③ 将流量显示控制器 FIC100 改为手动状态。

④ 关闭流量控制阀 FV100。

⑤ 关闭流量控制阀 FV100 的前阀 FV100I。

⑥ 关闭流量控制阀 FV100 的后阀 FV100O。

⑦ 打开泵 P201A 的前泄液阀 V03P201A。

⑧ 当液体全部排出，显示标志为绿色时，关闭泄液阀 V03P201A。

储罐泄液和放空

① 打开贮罐 V101 的泄液阀 V01V101。

② 将压力控制器 PIC100 设置为手动状态。

③ 当贮罐 V101 的液位控制器 LIC101 的液位高度小于 5% 时，调节压力控制器

PIC100，使放空阀 PV101B 的开度升至大于 50％后进行放空。

　　④ 当贮罐 V101 中的液体排空后，关闭泄液阀 V01V101。

　　⑤ 若错误操作压力控制器 PIC100 使贮罐 V101 压力升高，扣分。

3.5　换热器单元操作仿真实训

3.5.1　实训目的

　　① 掌握列管式换热器的正常开车和停车操作。

　　② 掌握列管式换热器的物流出口温度调节操作。

　　③ 掌握列管式换热器常见故障的处理方法。

3.5.2　工艺原理

3.5.2.1　换热器工作原理

　　传热是自然界和工业过程中一种常见的传递过程。传热的基本方式有热传导、热对流和热辐射。在化工过程中，几乎所有的化学反应和分离操作都需控制在一定的温度下进行。为了达到进入装置所要求的温度，物料常需要预先加热或冷却到一定温度。

　　根据传热原理和实现热交换的方法，换热器可分为混合式换热器、间壁式换热器和蓄热式换热器；根据工艺功能，换热器可分为加热器、冷却器、冷凝器、蒸发器、分凝器和再沸器等；根据所用材料，换热器可分为金属材料换热器和非金属材料换热器。

　　换热器是进行热交换操作的通用工艺设备，广泛应用于化工、环保、动力、冶金、航空航天等领域。换热器的换热效果直接关系到化工过程的能耗高低。化工生产中的换热器，绝大部分为间壁式换热器，它利用金属管将冷、热物流隔开。根据内部结构，间壁式换热器又可分为夹套式换热器、列管式换热器、板式换热器、螺旋板换热器、热管等。热物流以对流传热方式将热量传递到间壁面的一侧，再经过间壁的热传导，最后由间壁的另一侧将热量传递给冷物流，达到冷、热物流所要求的温度。工业上最常见的间壁式换热器为列管式换热器。

3.5.2.2　工艺流程

　　本单元设计采用列管式换热器。如图 3-25，来自边界的冷物流（92℃）由泵 P101A/B 送至换热器 E101 的壳程，与流经管程的热物流进行换热，被加热至 142℃。冷物流流量由流量显示控制器 FIC101 控制，正常流量为 19200kg/h。来自另一设备的热物流（225℃）经泵 P102A/B 送至换热器 E101 的管程与壳程的冷物流进行热交换，热物流出口温度由温度显示控制器 TIC102 控制（177℃）。

　　为保证热物流的流量稳定，热物流出口温度由温度显示控制器 TIC102 采用分程控制，温度控制阀 TV102A 和 TV102B 分别调节热物流的主线（流经换热器 E101）和副线（不流经 E101）的流量，温度显示控制器 TIC102 输出 0％～100％分别对应温度控制阀 TV102A 开度 0％～100％和 TV102B 开度 100％～0％。

3.5.3　工艺装置

3.5.3.1　设备

　　本装置的设备包含 1 个换热器和 4 个离心泵，具体信息可参见表 3-7。

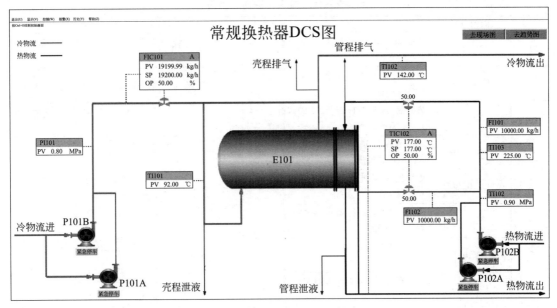

图 3-25 换热器单元操作 DCS 图

表 3-7 换热器单元操作设备

序号	设备位号	设备名称	备注
1	E101	列管式换热器	热物流走管程,冷物流走壳程
2	P101A/B	冷物流进料泵	一开一备
3	P102A/B	热物流进料泵	一开一备

3.5.3.2 仪表

本装置的仪表总共为 9 个,其中包含 2 个显示控制仪表和 7 个显示仪表,各仪表的具体信息参见表 3-8。

表 3-8 换热器单元操作仪表

序号	仪表位号	功能	控制阀门	单位	正常值
1	FIC101	换热器 E101 冷物流进料流量显示控制	FV101	kg/h	19200
2	TIC100	换热器 E101 热物流出口温度显示控制	TV102A、TV102B	℃	177±2
3	TI101	换热器 E101 冷物流进口温度显示		℃	92
4	TI102	换热器 E101 冷物流出口温度显示		℃	142
5	TI103	换热器 E101 热物流进口温度显示		℃	225
6	TI104	换热器 E101 热物流出口温度现场显示		℃	177±2
7	FI101	热物流主线流量显示		kg/h	10000
8	FI102	热物流副线流量显示		kg/h	10000
9	FI103	冷物流进料流量现场显示		kg/h	19200
10	FI104	热物流主线流量现场显示		kg/h	10000
11	FI105	冷物流副线流量现场显示		kg/h	10000
12	PI101	冷物流泵 P101A/B 出口压力显示		MPa	0.8
13	PI102	热物流泵 P102A/B 出口压力显示		MPa	0.9

3.5.3.3 现场阀门

本装置的现场阀门总共为 21 个,其中与仪表控制系统相关的前阀、后阀和旁路阀共为 6 个,其他阀门为 15 个,具体信息参见表 3-9。

表 3-9　换热器单元操作现场阀门

序号	阀门位号	阀门名称	序号	阀门位号	阀门名称
1	TV102AI	热物流主线进料温度控制阀 TV102A 前阀	12	V01P102A/B	热物流进料泵 P102A/B 进口阀
2	TV102AO	热物流主线进料温度控制阀 TV102A 进口阀	13	V02P102A/B	热物流进料泵 P102A/B 出口阀
3	TV102AB	热物流主线进料温度控制阀 TV102A 旁路阀	14	V01E101	换热器 E101 壳程（冷物流）排气阀
4	TV102BI	热物流副线进料温度控制阀 TV102B 前阀	15	V02E101	换热器 E101 壳程（冷物流）出口阀
5	TV102BO	热物流副线进料温度控制阀 TV102B 后阀	16	V03E101	换热器 E101 管程（热物流）排气阀
6	TV102BB	热物流副线进料温度控制阀 TV102B 旁路阀	17	V04E101	换热器 E101 管程（热物流）出口阀
7	FV101I	冷物流进料流量控制阀 FV101 前阀	18	V05E101	换热器 E101 管程（热物流）泄液阀
8	FV101O	冷物流进料流量控制阀 FV101 后阀	19	V06E101	换热器 E101 壳程（冷物流）泄液阀
9	FV101B	冷物流进料流量控制阀 FV101 旁路阀	20	V07E101	换热器 E101 壳程（冷物流）进口阀
10	V01P101A/B	冷物流进料泵 P101A/B 进口阀	21	V08E101	冷物流旁路阀
11	V02P101A/B	冷物流进料泵 P101A/B 出口阀			

3.5.3.4　主要工艺参数

本工艺过程中的关键工艺参数主要是与换热器相关的温度和流量，具体信息如表 3-10 所示。

表 3-10　换热器单元操作主要工艺参数

序号	参数名称	数值	单位	显示仪表
1	冷物流进口温度	92	℃	TI101
2	冷物流进口流量	19200	kg/h	FIC101
3	热物流进口温度	225	℃	TI103
4	热物流进口流量	20000	kg/h	FI101
5	冷物流出口温度	142	℃	TI102
6	热物流出口温度	177±2	℃	TIC102
7	冷物流进口压力	0.8	MPa	PI101
8	热物流进口压力	0.9	MPa	PI102

3.5.4　实训操作

3.5.4.1　正常开车

（1）开车前准备

装置的开工状态为换热器处于常温常压下，各控制阀处于手动关闭状态，各手操阀处于关闭状态。

（2）启动冷物流进料泵

① 打开换热器 E101 壳程排气阀 V01E101。

② 打开泵 P101A/B 进口阀 V01P101A/B，按下启动按钮，再打开泵 P101A/B 的出口阀 V02P101A/B，当冷物流进料压力表 PI101 读数为 0.8MPa 时，进行下一步操作。

（3）冷物流进料

① 打开冷物流流量控制阀 FV101 的前后阀 FV101I 和 FV101O，打开冷物料进料阀 V07E101，手动逐渐开大调节阀 FV101。

② 当排气阀 V01E101 旁边标志变绿时，表明壳程已排气完毕，已无不凝性气体，关闭换热器壳程排气阀 V01E101。

③ 打开换热器的冷物流出口阀 V02E101，手动调节流量控制阀 FV101，使冷物流进料流量显示控制器 FIC101 读数为 19200kg/h，稳定一段时间后，将 FIC101 设置为自动，设定值为 19200kg/h。

（4）启动热物流进口泵

① 打开换热器的管程排气阀 V03E101。

② 打开泵 P102A/B 进口阀 V01P102A/B，启动泵 P102A/B，再打开泵 P102A/B 出口阀 V02P102A/B，使热物流进料压力表 PI102 读数为 0.9MPa。

（5）热物流进料

① 打开温度控制阀 TV102A 的前后阀 TV102AI、TV102AO 和 TV102B 的前后阀 TV102BI、TV102BO。

② 当排气阀 V03E101 旁边标志变绿时，表明壳程已排气完毕，已无不凝性气体，关闭换热器壳程排气阀 V03E101。

③ 打开换热器 E101 热物流出口阀 V04E101，手动调节管程温度显示控制器 TIC102，使换热器热物流出口温度稳定在（177±2）℃一段时间后，将 TIC102 设置为自动，设定值为 177℃。

3.5.4.2　正常运行

（1）正常工况操作参数

① 换热器壳程冷物流流量为 19200kg/h，出口温度为 142℃。

② 换热器管程热物流流量为 10000kg/h，出口温度为（177±2）℃。

（2）备用泵切换

① 根据离心泵单元仿真操作，将冷物流进料泵 P101A 切换为其备用泵 P101B。

② 根据离心泵单元仿真操作，将热物流进料泵 P102A 切换为其备用泵 P102B。

3.5.4.3　正常停车

（1）停热物流进料泵

① 关闭热物流进料泵 P102A 的出口阀 V02P102A。

② 关停热物流进料泵 P102A。

③ 当热物流进口压力 PI102 读数小于 0.1MPa 时，关闭泵 P102A 进口阀 V01P102A。

（2）停热物流进料

① 将热物流温度显示控制器 TIC102 设置为手动，并关闭温度控制阀 TV102A

和 TV102B。

② 关闭主线温度控制阀 TV102A 的前后阀 TV102AI 和 TV102AO。

③ 关闭副线温度控制阀 TV102B 的前后阀 TV102BI 和 TV102BO。

④ 关闭换热器 E101 热物流出口阀 V04E101。

（3）停冷物流进料泵

① 关闭冷物流进料泵 P101A 出口阀 V02P101A。

② 关停冷物流进料泵 P101A。

③ 待冷物流进口压力表 PI101 读数小于 0.1MPa 时，关闭泵 P101A 进口阀 V01P101A。

（4）停冷物流进料

① 确保冷物流旁路阀 V08E101 处于关闭状态，将冷物流流量显示控制器 FIC101 设置为手动。

② 关闭 FV101 的前后阀 FV101I 和 FV101O。

③ 关闭流量控制阀 FV101。

④ 关闭换热器 E101 冷物流出口阀 V02E101。

（5）换热器管程、壳程泄液

① 打开换热器 E101 管程泄液阀 V05E101 和排气阀 V03E101，当 V05E101 旁边的管程泄液指示变红时，表明泄液完毕，管程中不再有液体排出，关闭泄液阀 V05E101 和排气阀 V03E101。

② 打开换热器 E101 壳程泄液阀 V06E101 和排气阀 V01E101，当 V06E101 旁边的管程泄液指示变红时，表明泄液完毕，管程中不再有液体排出，关闭泄液阀 V06E101、冷物流进口阀 V07E101 和排气阀 V03E101。

3.5.4.4　事故处理

（1）冷物流流量控制阀 FV101 阀卡死

事故现象：冷物流进口流量变小，冷物流出口压力升高，冷物流出口温度升高。

事故处理方法：

① 事故发生后，打开流量控制阀 FV101 旁路阀 FV101B。

② 根据现场冷物流流量表 FI103 读数调节旁路阀 FV101B 的开度，使流量表 FI103 显示值稳定在 19200kg/h 左右。

③ 将冷物流流量显示控制器 FIC101 设置为手动，并关闭流量控制阀 FV101。

④ 关闭流量控制阀 FV101 的前后阀 FV101I 和 FV101O。

（2）冷物流进料泵 P101A 泵故障

事故现象：冷物流进料泵 P101A 出口压力急剧下降，冷物流流量减小，冷物流出口温度升高。

事故处理方法：

① 打开冷物流进料备用泵 P101B 进口阀 V01P101B，启动备用泵 P101B，再打开备用泵 P101B 后阀 V02P101B。

② 关闭冷物流进料泵 P101A 进出口阀 V01P101A 和 V02P101A。

（3）热物流进料泵 P102A 故障

事故现象：热物流进料泵 P102A 出口压力急剧下降，冷物流出口温度下降。

事故处理方法：

① 打开热物流进料备用泵 P102B 进口阀 V01P102B，启动备用泵 P102B，再打开备用泵 P102B 出口阀 V02P102B。

② 关闭热物流进料泵 P102A 进出口阀 V01P102A 和 V02P102A。

（4）热物流主线温度控制阀 TV102A 阀卡死

事故现象：

① 热物流主副线混合温度升高，冷物流出口温度降低。

② 热物流主线温度控制阀 TV102A 开度大于正常开度（50%），热物流主线流量却低于正常值。

事故处理方法：

① 打开温度控制阀 TV102A 的旁路阀 TV102AB。

② 根据现场热物流主线流量表 FI104 的读数调节旁路阀 TV102AB 开度，使热物流主线流量达到正常值 10000kg/h。

③ 关闭温度控制阀 TV102A 的前后阀 TV102AI 和 TV102AO。

④ 将换热器的热物流出口温度显示控制器 TIC102 设置为手动。

⑤ 关闭热物流副线温度控制阀 TV102B 的前后阀 TV102BI 和 TV102BO。

⑥ 根据现场热物流出口温度计 TI104 读数，调节温度控制阀 TV102B 的旁路阀 TV102BB 开度，将热物流出口温度控制在 177℃左右。

（5）热物流副线温度控制阀 TV102B 阀卡死

事故现象：

① 热物流主副线混合温度降低，冷物流出口温度降低。

② 温度控制阀 TV102B 开度小于正常开度（50%），热物流副线流量低于正常值。

事故处理方法：

① 打开温度控制阀 TV102B 的旁路阀 TV102BB。

② 根据现场热物流副线流量表 FI105 读数调节旁路阀 TV102BB 开度，使热物流副线流量达到正常值 10000kg/h。

③ 关闭温度控制阀 TV102B 的前后阀 TV102BI 和 TV102BO。

④ 将换热器的热物流出口温度显示控制器 TIC102 设置为手动。

⑤ 关闭热物流主线温度控制阀 TV102A 的前后阀 TV102AI 和 TV102AO。

⑥ 根据现场热物流出口温度计 TI104 读数，调节温度控制阀 TV102A 的旁路阀 TV102AB 开度，将热物流出口温度控制在 177℃左右。

（6）换热器 E101 管束堵塞

事故现象：热物流主线流量减小，冷物流出口温度降低，热物流进料泵 P102 出口压力略微升高。

事故处理方法：换热器 E101 停车，拆换热器清洗。

（7）换热器 E101 结垢严重

事故现象：热物流出口温度高。

事故处理方法：换热器 E101 停车，拆换热器清洗。

3.6　精馏塔单元操作仿真实训

3.6.1　实训目的

① 掌握精馏塔的正常开车和停车操作。
② 掌握精馏塔工艺参数调节的操作。
③ 掌握精馏塔常见故障的处理方法。

3.6.2　工艺原理

3.6.2.1　精馏塔工作原理

精馏是利用液体混合物中各组分的挥发度的差异实现连续的高纯度分离，而分离过程依赖于精馏塔内每块塔板上的液相和汽相之间的传热和传质，以及塔顶冷凝的液相回流和塔釜汽化的汽相回流。

以精馏塔进料板为界，可将精馏塔分为精馏段和提馏段两部分。在塔的进料位置之上，上升蒸汽中所含的重组分向液相传递，而下降液体中的轻组分向汽相传递，导致上升蒸汽中轻组分的浓度逐渐升高，完成了上升蒸汽的精制，因而称为精馏段；在塔的进料位置之下，下降液体中所含的轻组分向汽相传递，而上升蒸汽中的重组分向液相传递，导致下降液体中重组分的浓度逐渐升高，完成了下降液体中的重组分的提浓，因而称为提馏段。

精馏塔有五种热进料状态，即过冷液体进料、泡点进料、汽液混合进料、露点进料和过热蒸汽进料。热进料状态可通过控制进料的温度和压力实现。进料的热状态和位置对精馏塔的能耗有重要影响。

精馏塔的塔板为上升蒸汽和下降液体提供直接接触的场所，合理的板间距可以充分分离蒸汽和液体；溢流堰可使塔板维持一定的液层高度；降液管为液体提供下降通道；塔板上的孔道则为气体提供上升通道。此外精馏塔还配备冷凝器和再沸器分别冷凝塔顶蒸汽和部分再沸塔釜液体。

3.6.2.2　工艺流程

本单元采用加压精馏，原料液为脱丙烷塔塔釜的混合液，主要含有 $C_3 \sim C_7$ 等烃类，分离后馏出液为高纯度的 C_{4-} 产品，残液主要是 C_{5+} 组分，关键组分为 C_4 和 C_5。温度为 67.8℃的原料液由精馏塔 T101 的中部进料，进料流量由流量显示控制器 FIC101 控制，塔顶蒸汽经换热器 E101 绝大部分冷凝为液体进入回流罐 V101，回流罐的液体由泵 P101A/B 抽出，一部分作为回流，另一部分作为塔顶采出。塔底一部分釜液在流量显示控制器 FIC104 的控制下作为塔釜采出，另一部分经过塔釜再沸器 E102 加热回到精馏塔，再沸器的加热量由温度显示控制器 TIC101 调节蒸汽的流量进行控制。回流液的流量由流量控制显示器 FIC103 控制。再沸器 E102 中，水蒸气加热塔釜液相后，凝液进入蒸汽缓冲罐 V102，其液面高度由液位显示控制器 LIC103 控制。

为了更精确地控制相关工艺参数，本单元中某些仪表采用了分程控制和串级控制。精馏塔 T101 塔顶压力由压力显示控制器 PIC101 和 PIC102 进行分程控制，当压力过低时，由 PIC101 控制塔顶压力，此时 PIC101 将控制塔顶气流不经过塔顶冷凝器直接进入回流罐

V101；当压力过高时，由 PIC102 控制塔顶压力，此时 PIC102 将通过增加从回流罐 V101
采出气体的方式降低压力。由于塔釜需要控制一定的液位，故精馏塔 T101 塔釜采出流量和
塔釜液位的控制采用串级控制方案，即 LIC101→FIC104→FV104，以塔釜液位显示控制器
LIC101 为主回路，塔釜采出流量显示控制器 FIC104 为副回路构成串级控制系统。同理，
T101 塔顶采出流量与回流罐 V101 的液位控制也采用串级控制方案，即 LIC102→FIC102→
FV102，以回流罐液位显示控制器 LIC102 为主回路，塔顶采出流量显示控制器 FIC102 为
副回路构成串级控制系统（图 3-26）。

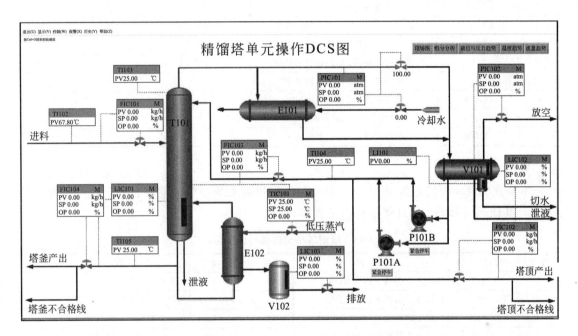

图 3-26　精馏塔单元操作 DCS 图

3.6.3　工艺装置

3.6.3.1　设备

本装置的设备包含精馏塔以及冷凝器、再沸器等一些辅助设备，具体信息可参见
表 3-11。

表 3-11　精馏塔单元操作设备

序号	设备位号	设备名称	序号	设备位号	设备名称
1	T101	精馏塔	4	V101	回流罐
2	E101	塔顶冷凝器	5	V102	蒸汽缓冲罐
3	E102	塔釜再沸器	6	P101A/B	回流泵

3.6.3.2　仪表

本装置的仪表总共为 14 个，其中包含 10 个显示控制仪表和 4 个显示仪表，各仪表的具
体信息参见表 3-12。

表 3-12 精馏塔单元操作仪表

序号	仪表位号	功能	控制阀门	单位	正常值
1	FIC101	精馏塔 T101 进料流量显示控制	FV101	kg/h	15000
2	FIC102	精馏塔 T101 塔顶采出流量显示控制	FV102	kg/h	7178
3	FIC103	精馏塔 T101 塔顶回流液流量显示控制	FV103	kg/h	14357
4	FIC104	精馏塔 T101 塔釜采出流量显示控制	FV104	kg/h	7521
5	TIC101	精馏塔 T101 塔釜温度显示控制	TV101	℃	109.3
6	PIC101	回流罐 V101 压力显示控制	PV101A、PV101B	atm	4.25
7	PIC102	回流罐 V101 压力显示控制	PV102	atm	4.25
8	LIC101	精馏塔 T101 塔釜液位显示控制	FV104	%	～50
9	LIC102	回流罐 V101 液位显示控制	FV102	%	～50
10	LIC103	蒸汽缓冲罐 V102 液位显示控制	LV103	%	～50
11	TI102	精馏塔 T101 进料温度显示		℃	67.8
12	TI103	精馏塔 T101 塔顶温度显示		℃	46.5
13	TI104	精馏塔 T101 回流液温度显示		℃	39.1
14	TI105	精馏塔 T101 塔釜温度显示		℃	109.3

3.6.3.3 现场阀门

本装置的现场阀门总共为 31 个，其中与仪表控制系统相关的前阀、后阀和旁路阀共为 24 个，其他阀门为 7 个，具体信息参见表 3-13。

表 3-13 精馏塔单元仿真实训现场阀门

序号	阀门位号	阀门名称	序号	阀门位号	阀门名称
1	FV101I	进料流量控制阀 FV101 前阀	19	PV101BI	压力控制阀 PV101B 前阀
2	FV101O	进料流量控制阀 FV101 后阀	20	PV101BO	压力控制阀 PV101B 后阀
3	FV101B	进料流量控制阀 FV101 旁路阀	21	PV101BB	压力控制阀 PV101B 旁路阀
4	FV102I	塔顶采出流量控制阀 FV102 前阀	22	PV102I	压力控制阀 PV102 前阀
5	FV102O	塔顶采出流量控制阀 FV102 后阀	23	PV102O	压力控制阀 PV102 后阀
6	FV102B	塔顶采出流量控制阀 FV102 旁路阀	24	PV102B	压力控制阀 PV102 旁路阀
7	FV103I	回流液流量控制阀 FV103 前阀	25	V01P101A	回流泵 P101A 进口阀
8	FV103O	回流液流量控制阀 FV103 后阀	26	V02P101A	回流泵 P101A 出口阀
9	FV103B	回流液流量控制阀 FV103 旁路阀	27	V01P101B	回流泵 P101B 进口阀
10	FV104I	塔釜采出流量控制阀 FV104 前阀	28	V02P101B	回流泵 P101B 出口阀
11	FV104O	塔釜采出流量控制阀 FV104 后阀	29	V01T101	精馏塔 T101 塔釜泄液阀
12	FV104B	塔釜采出流量控制阀 FV104 旁路阀	30	V01V101	回流罐 V101 切水阀
13	TV101I	塔釜温度控制阀 TV101 前阀	31	V02V101	回流罐 V101 泄液阀
14	TV101O	塔釜温度控制阀 TV101 后阀	32	V03V101	精馏塔 T101 塔顶产品采出阀
15	TV101B	塔釜温度控制阀 TV101 旁路阀	33	V04V101	精馏塔 T101 塔顶不合格产品采出阀
16	PV101AI	压力控制阀 PV101A 前阀	34	V02T101	精馏塔 T101 塔釜产品采出阀
17	PV101AO	压力控制阀 PV101A 后阀	35	V03T101	精馏塔 T101 塔釜不合格产品采出阀
18	PV101AB	压力控制阀 PV101A 旁路阀			

3.6.3.4 主要工艺参数

本工艺过程中的关键工艺参数主要是与精馏塔相关的温度和流量，具体信息如表 3-14 所示。

表 3-14　精馏塔单元操作主要工艺参数

序号	参数名称	数值	单位	显示仪表
1	精馏塔 T101 进料流量	15000	kg/h	FIC101
2	精馏塔 T101 进料温度	67.8	℃	TI102
3	精馏塔 T101 塔顶采出流量	7178	kg/h	FIC102
4	精馏塔 T101 塔顶气体流量	300	kg/h	
5	精馏塔 T101 塔顶回流液流量	14357	kg/h	FIC103
6	精馏塔 T101 塔顶温度	39.1	℃	TI103
7	精馏塔 T101 塔顶压力	4.25	atm	PIC101、PIC102
8	精馏塔 T101 塔釜采出流量	7521	kg/h	FIC104
9	精馏塔 T101 塔釜温度	109.3	℃	TI105

3.6.4　实训操作

3.6.4.1　冷态开车

（1）进料及排放不凝气

① 打开压力控制阀 PV101B 的前阀 PV101BI 和后阀 PV101BO。

② 打开压力控制阀 PV102 的前阀 PV102I 和后阀 PV102O。

③ 微开压力控制阀 PV102 排放塔内不凝气。

④ 打开流量控制阀 FV101 的前阀 FV101I 和后阀 FV101O。

⑤ 缓慢打开流量控制阀 FV101，维持进料量在 15000kg/h 左右。

⑥ 当压力升高至 0.5atm 时，关闭压力控制阀 PV102，控制塔顶压力在 1.0atm 至 4.25atm 之间。

（2）启动再沸器

① 打开压力控制阀 PV101A 的前阀 PV101AI 和后阀 PV101AO。

② 待塔顶压力显示控制器 PIC101 读数升至 0.5atm 后，逐渐打开压力控制阀 PV101A 至开度 50%。

③ 打开塔釜温度控制阀 TV101 前阀 TV101I 和后阀 TV101O。

④ 待塔釜液位显示控制器 LIC101 读数升至 20% 以上，稍开塔釜温度控制阀 TV101，给再沸器缓慢加热。

⑤ 逐渐开大温度控制阀 TV101，使塔釜温度逐渐上升至 100℃。

（3）建立回流

① 当回流罐 V101 的液位显示控制器 LIC102 读数大于 20% 以上时，打开回流泵 P101A 进口阀 V01P101A。

② 启动回流泵 P101A。

③ 打开回流泵 P101A 出口阀 V02P101A。

④ 打开回流液流量控制阀 FV103 前阀 FV103I 和后阀 FV103O。

⑤ 将回流液流量显示控制器 FIC103 设置为手动，打开流量控制阀 FV103，将回流罐 V101 液位升至 40% 以上。

⑥ 维持回流罐 V101 液位显示控制器 LIC103 读数在 50% 左右。

（4）调整至正常工况

① 待精馏塔 T101 压力升至 4atm 后，将压力显示控制器 PIC102 设置为自动，设定值

为 4.25atm。

② 待精馏塔 T101 压力稳定在 4.25atm 时，将压力显示控制器 PC101 设置为自动，设定值为 4.25atm。

③ 待进料量稳定在 15000kg/h 后，将进料流量显示控制器 FIC101 设置为自动，设定值为 15000kg/h。

④ 塔釜温度稳定在 109.3℃后，将温度显示控制器 TIC101 设置为自动，设定值为 109.3℃。

⑤ 打开流量控制阀 FV103，使回流液流量显示控制器 FIC103 流量接近 14357kg/h。

⑥ 待流量显示控制器 FIC103 流量稳定在 14357kg/h 后，将其设置为自动，设定值为 14357kg/h。

⑦ 打开塔釜采出流量控制阀 FV104 的前阀 FV104I 和后阀 FV104O。

⑧ 打开塔釜采出阀 V02T101。

⑨ 当塔釜液位大于 35％时，逐渐打开 FV104，采出塔釜产品，将塔釜液位显示控制器 LIC101 读数维持在 50％左右。

⑩ 待塔釜产品采出量稳定在 7521kg/h 后，将塔釜采出流量显示控制器 FIC104 设置为自动，设定值为 7521kg/h。

⑪ 将液位显示控制器 LIC101 设置为自动，设定值为 50％。

⑫ 将流量显示控制器 FIC104 设置为串级控制，使塔釜产品采出量稳定在 7521kg/h。

⑬ 打开塔顶采出流量控制阀 FV102 前阀 FV102I 和后阀 FV102O。

⑭ 打开精馏塔 T101 塔顶采出阀 V03V101。

⑮ 当回流罐 V101 液位大于 35％时，逐渐打开塔顶采出流量控制阀 FV102，采出塔顶产品。

⑯ 待塔顶采出稳定在 7178kg/h 后，将塔顶采出流量显示控制器 FIC102 设置为自动，设定值为 7178kg/h。

⑰ 将回流罐 V101 的液位显示控制器 LIC103 设置为自动，设定值为 50％。

⑱ 将流量显示控制器 FIC102 设置为串级控制，使塔顶产品采出量稳定在 7178kg/h。

3.6.4.2 停车操作规程

(1) 降低精馏塔负荷

① 手动逐步关小进料流量控制阀 FV101，使进料降至正常进料量的 70％。

② 保持塔顶压力显示控制器 PIC101 读数处于稳定状态。

③ 断开回流罐液位显示控制器 LIC102 和塔顶采出流量显示控制器 FIC102 的串级，手动开大流量控制阀 FV102，使液位显示控制器 LIC102 的读数降至 20％。

④ 断开塔釜液位显示控制器 LIC101 和塔釜采出流量显示控制器 FIC104 的串级，手动开大流量控制阀 FV104，使液位显示控制器 LIC101 的读数降至 30％。

(2) 停进料和再沸器

① 手动关闭进料流量控制阀 FV101，停止向精馏塔进料。

② 关闭流量控制阀 FV101 的前阀 FV101I 和后阀 FV101O。

③ 关闭塔釜温度控制阀 TV101。

④ 关闭温度控制阀 TV101 的前阀 TV101I 和后阀 TV101O。

⑤ 手动关闭塔釜采出流量控制阀 FV104，停止产品采出。

⑥ 关闭 FV104 前阀 FV104I 和后阀 FV104O。

⑦ 关闭塔釜采出阀 V02T101。

⑧ 手动关闭塔顶采出流量控制阀 FV102。

⑨ 关闭流量控制阀 FV102 前阀 FV102I 和后阀 FV102O。

⑩ 关闭塔顶采出阀 V03V101。

⑪ 打开塔釜泄液阀 V01T101，排出不合格产品。

（3）停回流

① 手动开大回流液流量控制阀 FV103，将回流罐 V101 内的液体全部打入精馏塔 T101，以降低塔内温度。

② 当回流罐 V101 液位降至 0％，关闭流量控制阀 FV103，停止回流。

③ 关闭流量控制阀 FV103 前阀 FV103I 和后阀 FV103O。

④ 关闭回流泵 P101A 出口阀 V02P101A。

⑤ 关停回流泵 P101A。

⑥ 关闭回流泵 P101A 进口阀 V01P101A。

（4）降压、降温

① 塔内液体排完后，手动打开压力控制阀 PV102 进行降压。

② 当塔压降至常压后，关闭 PV102。

③ 关闭压力控制阀 PV102 前阀 PV102I 和后阀 PV102O。

④ 手动关闭 PV101A，关塔顶冷凝器冷凝水。

⑤ 关闭 PV101A 前阀 PV101AI 和后阀 PV101AO。

⑥ 当塔釜液位降至 0％后，关闭精馏塔 T101 泄液阀 V01T101。

3.6.4.3　事故设置

（1）停电

事故现象：回流泵 P101A 停止，回流中断。

事故处理方法：

① 手动打开压力控制阀 PV102。

② 手动将压力控制阀 PV101 开度调节至 50％。

③ 手动关闭进料流量控制阀 FIC101，停止向精馏塔进料。

④ 关闭流量控制阀 FV101 前阀 FV101I 和后阀 FV101O。

⑤ 手动关闭塔釜温度控制阀 TV101，停止加热蒸汽。

⑥ 关闭温度控制阀 TV101 前阀 TV101I 和后阀 TV101O。

⑦ 关闭 FV103 前阀 FV103I 和后阀 FV103O。

⑧ 将回流液流量显示控制器 FIC103 设置为手动。

⑨ 手动关闭塔釜采出流量控制阀 FV104，停止塔釜采出。

⑩ 关闭流量控制阀 FV104 前阀 FV104I 和后阀 FV104O。

⑪ 关闭塔釜采出阀 V02T101。

⑫ 手动关闭塔顶采出流量控制阀 FV102，停止塔顶采出。

⑬ 流量控制阀关闭 FV102 前阀 FV102I 和后阀 FV102O。

⑭ 关闭塔顶采出阀 V03V101。

⑮ 打开塔釜泄液阀 V01T101。

⑯ 打开回流罐 V101 泄液阀 V02V101，排出不合格产品。

⑰ 当回流罐液位为 0 时，关闭泄液阀 V02V101。

⑱ 关闭回流泵 P101A 出口阀 V02P101A。

⑲ 关闭回流泵 P101A 入口阀 V01P101A。

⑳ 当塔釜液位为 0 时，关闭塔釜泄液阀 V01T101。

㉑ 当塔顶压力降至常压，关闭冷凝器 E101。

㉒ 关闭压力控制阀 PV101A 前阀 PV101AI 和后阀 PV101AO。

（2）冷凝水中断

事故现象：塔顶温度上升，塔顶压力升高。

事故处理步骤：

① 手动打开回流罐放空压力控制阀 PV102。

② 手动关闭进料流量控制阀 FV101，停止向精馏塔进料。

③ 关闭流量控制阀 FV101 前阀 FV1011 和后阀 FV1010。

④ 手动关闭塔釜温度控制阀 TV101，停止蒸汽加热。

⑤ 关闭塔釜温度控制阀 TV101 前阀 TV1011 和后阀 TV1010。

⑥ 手动关闭塔釜流量控制阀 FV104，停止塔釜采出。

⑦ 关闭塔釜流量控制阀 FV104 前阀 FV1041 和后阀 FV1040。

⑧ 手动关闭塔顶采出流量控制阀 FV102，停止塔顶采出。

⑨ 关闭流量控制阀 FV102 前阀 FV1021 和后阀 FV1020。

⑩ 打开塔釜泄液阀 V01T101。

⑪ 打开回流罐泄液阀 V02V101 排出不合格产品。

⑫ 当回流罐 V101 液位为 0 时，关闭回流罐泄液阀 V02V101。

⑬ 关闭回流泵 P101A 出口阀 V02P101A。

⑭ 关停回流泵 P101A。

⑮ 关闭回流泵 P101A 入口阀 V01P101A。

⑯ 当塔釜液位为 0 时，关闭塔釜泄液阀 V01T101。

⑰ 当塔顶压力降至常压，关闭冷凝器 E101。

⑱ 关闭压力控制阀 PV101A 前阀 PV101AI 和后阀 PV101AO。

（3）回流液流量控制阀 FV103 阀卡死

事故现象：回流量减小，塔顶温度上升，压力增大。

事故处理方法：

① 将回流液流量显示控制器 FIC103 设为手动模式。

② 关闭回流液流量控制阀 FV103 前阀 FV103I 和后阀 FV103O。

③ 打开回流液流量控制阀 FV103 旁通阀 FV103B，保持回流。

④ 维持塔内各指标正常。

（4）回流泵 P101A 故障

事故现象：P101A 断电，回流中断，塔顶压力、温度上升。

事故处理：

① 打开备用泵入口阀 V01P101B。

② 启动备用回流泵 P101B。

③ 打开备用泵出口阀 V02P101B。

④ 关闭回流泵 P101A 出口阀 V02P101A。

⑤ 关闭回流泵 P101A 入口阀 V01P101A。

⑥ 维持塔内各指标正常。

（5）停蒸汽

事故现象：加热蒸汽的流量减小至 0，塔釜温度持续下降。

事故处理方法：

① 将塔顶压力显示控制器 PIC102 设置为手动。

② 手动关闭精馏塔 T101 进料流量控制阀 FV101，停止向精馏塔进料。

③ 关闭流量控制阀 FV101 前阀 FV101I 和后阀 FV101O。

④ 手动关闭塔釜温度控制阀 TV101，停止蒸汽加热。

⑤ 关闭温度控制阀 TV101 前阀 TV101I 和后阀 TV101O。

⑥ 手动关闭塔釜采出流量控制阀 FV104，停止塔釜采出。

⑦ 关闭流量控制阀 FV104 前阀 FV104I 和后阀 FV104O。

⑧ 关闭塔釜采出阀 V02T101。

⑨ 手动关闭塔顶采出流量控制阀 FV102，停止塔顶采出。

⑩ 关闭流量控制阀 FV102 前阀 FV102I 和后阀 FV102O。

⑪ 打开塔釜泄液阀 V01T101。

⑫ 打开回流罐 V101 泄液阀 V02V101，排出不合格产品。

⑬ 当回流罐液位为 0 时，关闭泄液阀 V02V101。

⑭ 关闭回流泵 P101A 出口阀 V02P101A。

⑮ 关停回流泵 P101A。

⑯ 关闭回流泵 P101A 进口阀 V01P101A。

⑰ 当塔釜液位为 0 时，关闭泄液阀 V01T101。

⑱ 当塔顶压力降至常压，关闭冷凝器 E101。

⑲ 关闭塔顶压力控制阀 PV101A 前阀 PV101AI 和后阀 PV101AO。

（6）水蒸气压力过高

事故现象：加热蒸汽的流量增大，塔釜温度持续上升。

事故处理方法：

① 手动适当减小温度控制阀 TV101 的开度。

② 待温度稳定后，将塔釜温度显示控制器 TIC101 设置为自动，设定值为 109.3℃。

（7）水蒸气压力过低

事故现象：加热蒸汽的流量减小，塔釜温度持续下降。

事故处理方法：

① 手动适当增大塔釜温度控制阀 TV101 的开度。

② 待温度稳定后，将塔釜温度显示控制器 TIC101 设置为自动，设定值为 109.3℃。

（8）塔釜采出流量控制阀 FV104 卡死

事故现象：塔釜出料流量变小，回流罐液位升高。

事故处理方法：

① 将塔釜采出流量显示控制器 FIC104 设置为手动模式。

② 关闭塔釜采出流量控制阀 FV104 前阀 FV104I 和后阀 FV104O。

③ 打开塔釜采出流量控制阀 FV104 旁通阀 FV104B，维持塔釜液位。

（9）仪表风停

事故现象：所有控制仪表不能正常工作。

事故处理方法：

① 打开塔顶压力控制阀 PV102 的旁通阀 PV102B。

② 打开塔顶压力控制阀 PV101A 的旁通阀 PV101AB。

③ 打开进料流量控制阀 FV101 的旁通阀 FV101B。

④ 打开塔釜温度控制阀 TV101 的旁通阀 TV101B。

⑤ 打开塔釜采出流量控制阀 FV104 的旁通阀 FV104B。

⑥ 打开回流液流量控制阀 FV103 的旁通阀 FV103B。

⑦ 打开塔顶采出流量控制阀 FV102 的旁通阀 FV102B。

⑧ 关闭塔顶压力控制阀 PV101A 的前阀 PV101AI 和后阀 PV101AO。

⑨ 关闭塔顶压力控制阀 PV102 的前阀 PV102I 和后阀 PV102O。

⑩ 调节旁通阀 PV102B 使 PIC102 为 4.25atm。

⑪ 调节旁通阀 LV102B 使回流罐液位显示控制器 LIC102 的读数为 50％。

⑫ 调节旁通阀 LV101B 使塔釜液位显示控制器 LIC101 的读数为 50％。

⑬ 调节旁通阀 TV101B 使塔釜温度显示控制器 TIC101 的读数为 109.3℃。

⑭ 调节旁通阀 FV101B 使进料流量显示控制器 FIC101 的读数为 15000kg/h。

⑮ 调节旁通阀 FV103B 使回流液流量显示控制器 FIC103 的读数为 14357kg/h。

（10）进料压力突然增大

事故现象：进料流量增大。

事故处理方法：

① 手动调节流量控制阀 FV101，使进料流量达到正常值。

② 待进料流量稳定在 15000kg/h 后，将流量显示控制器 FIC101 设置为自动，设定值为 15000kg/h。

（11）回流罐 V101 液位超高

事故现象：回流罐液位超高。

事故处理方法：

① 手动开大流量控制阀 FV102。

② 打开备用回流泵 P101B 进口阀 V01P101B。

③ 启动备用回流泵 P101B。

④ 打开备用回流泵 P101B 出口阀 V02P101B。

⑤ 及时手动调节流量控制阀 FV103，使 FIC103 流量稳定在 14357kg/h 左右。

⑥ 当回流罐 V101 液位接近正常液位时，关闭备用回流泵 P101B 进口阀 V02P101B。

⑦ 关闭备用回流泵 P101B。

⑧ 关闭备用回流泵 P101B 进口阀 V01P101B。

⑨ 及时手动调节流量控制阀 FV102，使回流罐 V101 液位显示控制器 LIC102 读数稳定在 50%。

⑩ 将流量显示控制器 FIC102 设为自动和串级。

⑪ 待流量显示控制器 FIC103 最后稳定在 14357kg/h 后，将 FIC103 设置为自动，设定值 14357kg/h。

（12）进料流量控制阀 FV101 阀卡死

事故现象：进料流量逐渐减少。

事故处理方法：

① 手动关闭进料流量控制阀 FV101 前阀 FV101I 和后阀 FV101O。

② 打开 FV101 旁通阀 FV101B，维持塔釜液位。

第 4 章　甲醇合成与精制 3D 仿真实训

4.1　实训目的

① 熟悉甲醇生产工厂厂区布局、车间布局，掌握相关设计原则。

② 了解煤化工、甲醇合成精制生产原理和生产控制的基本知识，确立生产的安全意识。

③ 了解化工生产的主要控制方法和控制手段。

④ 掌握甲醇生产工艺流程，学习各车间物料流程，加强安全知识的学习，强化理论与实践相结合。

甲醇合成与
精制 3D 仿真
软件介绍

⑤ 具备实际动手操作控制生产流程的技能。

⑥ 学习反应器生产过程中各项技术参数的控制，并掌握其影响因素。

⑦ 掌握甲醇生产操作规程，能够独立完成生产操作。

⑧ 了解常见甲醇生产设备的结构。

⑨ 培养学生对于生产事故发现和处理的能力。

⑩ 通过应急预案分组演练，掌握化工事故的处理方案，并掌握不同岗位的岗位职责，提高学生联合操作的能力。

4.2　实训原理

本虚拟仿真实训项目以甲醇合成与精制为主线，在甲醇合成与精制虚拟仿真系统的基础上，将化工过程中"三传一反"（即动量传递、热量传递、质量传递、化学反应工程）相关的基本理论、基本操作、设备结构等知识贯穿于甲醇生产工艺中。

本项目设置的由浅入深、由易到难的知识点主要有：

① 甲醇合成的反应机理、基本流程和基本工艺；

② 甲醇合成塔、精馏塔设备的类型、结构特点、功能等；

③ 流体输送设备的类型、结构特点、功能等；

④ 传热设备的类型、结构特点、功能等；

⑤ 传质设备的类型、结构特点、功能等；

⑥ 甲醇合成与精制过程开车、正常运行和正常停车的操作步骤；

⑦ 甲醇合成与精制过程中的异常现象、产生原因以及突发事故应急处理流程；

⑧ 甲醇合成与精制过程中反应器温度、原料气各组分含量等对甲醇合成过程及产品产量、质量的影响；

⑨ 合成塔、精馏塔系统压力的变化对过程及产品产量、质量的影响；

⑩ 塔设备参数的变化对甲醇合成过程的影响；

⑪ 串级回路控制方案在甲醇合成与精制过程中的应用。

以上知识点涵盖了化学反应工程、流体流动、热量传递和质量传递等领域，使学生在相关的基本理论、基础操作、工程拓展以及研究设计等多个方面的能力都能够得到锻炼和提高。

4.3　实训装置

甲醇合成工艺装置，甲醇精制工艺装置。

4.4　实训内容

开车准备：包含开工具备条件和开工前准备。

冷态开车：引锅炉水、N_2 置换、建立循环、H_2 置换充压、投原料气、反应器升温、调至正常。

正常停车：停原料气、开蒸汽、汽包降压、R401 降温、停 C/T401、停冷却水。

紧急停车：停原料气、停压缩机、泄压、N_2 置换。

预设事故：分离罐液位高或反应器温度高联锁、汽包液位低联锁、混合气入口阀 FR-CA4001 阀卡、透平坏、催化剂老化、循环压缩机坏、反应塔温度高报警、反应塔温度低报警、分离罐液位高报警、系统压力 PI4001 高报警、汽包液位低报警。

4.5　实训方法与步骤要求

4.5.1　甲醇合成工段

4.5.1.1　流程简述

甲醇合成仿真系统（如图 4-1 所示）主要设备有蒸汽透平（T401）、循环气压缩机（C401）、甲醇分离器（F402）、入塔气预热器（E401）、精制水换热器（E402）、最终冷却器（E403）、甲醇合成塔（R401）、甲醇分离器（F402）、蒸汽包（F401）以及开工喷射器（X401）。由压缩工序来的循环气经 E401 预热至 225℃，由顶部进入管壳式等温甲醇合成塔（R401），在铜基触媒的作用下，CO、CO_2 与 H_2 反应生成甲醇和水，同时还有少量的其他有机杂质生成。合成塔出塔气经 E401、E402 和 E403 冷却至 40℃，此时气体中的甲醇绝大部分被冷凝下来，然后进入 F402 将粗甲醇分离下来。出 F402 的气体一部分作为弛放气排放，以维持合成回路中惰性气体的含量；另一部分气体作为循环气送至压缩工序。排出的弛放气经压力调压阀 PRCA4004 减压后送往转化工序作为蒸汽转化炉的燃料。

仿真系统采用反应器和换热器结合连续移热，并假定合成塔压力低于 3.5MPa 或温度低于 210℃时反应即停止。合成塔 R401 反应温度通过壳侧副产蒸汽的压力控制，并根据合成触媒使用时间的不同，将活性温度设定在 230～240℃范围内，副产蒸汽的压力设定在 2.5～5.0MPa 间波动。甲醇合成塔所产生的蒸汽经压力调节阀 PRCA4005 进行控制；合成汽包（F401）的锅炉给水由转化工序送来，防止锅炉水结垢的磷酸盐溶液亦由转化工序送来，排污水送往转化工序的连续排污扩容器。其他部分操作界面如图 4-2 所示。

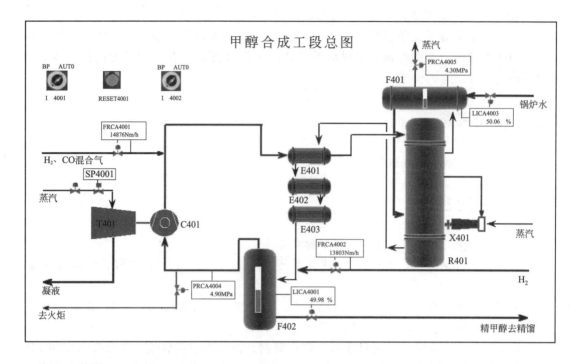

图 4-1　甲醇合成工段总图

(a) 现场总貌图　　　　　　　　　(b) 现场人物对话界面

图 4-2　甲醇合成系统部分操作界面

4.5.1.2　开工准备

（1）开工具备的条件

① 与开工有关的修建项目全部完成并验收合格。

② 设备、仪表及流程符合要求。

③ 水、电、汽、风及化验能满足装置要求。

④ 安全设施完善，排污管道具备投用条件，操作环境及设备要清洁整齐卫生。

（2）开工前的准备

① 仪表空气、中压蒸汽、锅炉给水、冷却水及脱盐水引入界区内备用。

② 盛装开工废甲醇的废油桶已准备好。

③ 仪表校正完毕。

④ 触媒还原彻底。

⑤ 粗甲醇贮槽处于备用状态，全系统在触媒升温还原过程中出现问题已解决。

⑥ 净化运行正常，新鲜气质量符合要求，总负荷≥30％。

⑦ 压缩机运行正常，新鲜气随时可导入系统。

⑧ 系统所有仪表再次校验，调试运行正常。

⑨ 精馏工段已具备接收粗甲醇的条件。

⑩ 总控、现场照明良好，操作工具、安全工具、交接班记录、生产报表、操作规程、工艺指标齐备，防毒面具、消防器材按规定配好。

⑪ 微机运行良好，各参数已调试完毕。

4.5.1.3　冷态开车

（1）引锅炉水

依次开启汽包 F401 锅炉水、控制阀 LIC4003、入口前阀 VD4009，将锅炉水引进汽包；当汽包液位 LIC4003 接近 50％时，投自动，如果液位难以控制，可手动调节；汽包设有安全阀 SV4002，当汽包压力 PIC4005 超过 5.0MPa 时，安全阀会自动打开，从而保证汽包的压力不会过高，进而保证反应器的温度不至于过高。

（2）N_2 置换

现场开启低压 N_2 入口阀 V4008（微开），向系统充 N_2；依次开启 PIC4004 前阀 VD4003、控制阀 PIC4004、后阀 VD4004，如果压力升高过快或降压过程降压速度过慢，可开副线阀 V4002；将系统中含氧量稀释至 0.25％以下，在吹扫时，系统压力 PI4001 维持在 0.5MPa 附近，但不要高于 1MPa；当系统压力 PI4001 接近 0.5MPa 时，关闭 V4008 和 PIC4004，进行保压；保压一段时间，如果系统压力 PI4001 不降低，说明系统气密性较好，可以继续进行生产操作；如果系统压力 PI4001 明显下降，则要检查各设备及其管道，确保无问题后再进行生产操作。（仿真中为了节省操作时间，保压 30s 以上即可）。

（3）建立循环

手动开启 FIC4101，防止压缩机喘振，在压缩机出口压力 PI4101 大于系统压力 PI4001 且压缩机运转正常后关闭；开启压缩机 C401 入口前阀 VD4011；开透平 K40 前阀 VD4013、控制阀 SIS6202、后阀 VD4014，为循环压缩机 C401 提供运转动力。调节控制阀 SIS6202 使转速不致过大；开启 VD4015，投用压缩机；待压缩机出口压力 PI4102 大于系统压力 PI4001 后，开启压缩机 C401 后阀 VD4012，打通循环回路。

（4）H_2 置换充压

通 H_2 前，先检查含 O_2 量，若高于体积分数 0.25％，应先用 N_2 稀释至 0.25％以下再通 H_2。现场开启 H_2 副线阀 V4007，进行 H_2 置换，使 N_2 的体积分数在 1％左右；开启控制阀 PIC4004，充压至 PI4001 为 2.0MPa，但不要高于 3.5MPa；注意调节进气和出气的速度，使 N_2 的体积含量降至 1％以下，而系统压力 PI4001 升至 2.0MPa 左右。此时关闭 H_2 副线阀 V4007 和压力控制阀 PIC4004。

（5）投原料气

依次开启混合气入口前阀 VD4001、控制阀 FIC4001、后阀 VD4002；开启 H_2 入口阀 FIC4002；同时，注意调节 SIC6202，保证循环压缩机的正常运行；按照体积比约为1:1的比例，将系统压力缓慢升至 5.0MPa 左右（但不要高于 5.5MPa），将 PIC4004 投自动，设为 4.90MPa。此时关闭 H_2 入口阀 FIC4002 和混合气控制阀 FIC4001，进行反应器升温。

（6）反应器升温

开启开工喷射器 X401 的蒸汽入口阀 V4006，注意调节 V4006 的开度，使反应器温度 TI4006 缓慢升至 210℃；开 V4010，投用换热器 E402；开 V4011，投用换热器 E403，使 TI4004 不超过 100℃。当 TI4004 接近 200℃，依次开启汽包蒸汽出口前阀 VD4007、控制阀 PIC4005、后阀 VD4008，并将 PIC4005 投自动，设为 4.3MPa，如果压力变化较快，可手动调节。

（7）调至正常

调至正常过程较长，并且不易控制，需要慢慢调节；反应开始后，关闭开工喷射器 X401 的蒸汽入口阀 V4006。缓慢开启 FIC4001 和 FIC4002，向系统补加原料气。注意调节 SIC6202 和 FIC4001，使入口原料气中 H_2 与 CO 的体积比约为（7~8):1。随着反应的进行，逐步投料至正常（FIC001 约为 14877Nm^3/h），FIC4001 约为 FIC4002 的 1~1.1 倍。将 PIC4004 投自动，设为 4.90MPa。

有甲醇产出后，依次开启粗甲醇采出现场前阀 VD4003、控制阀 LIC4001、后阀 VD4004，并将 LIC4001 投自动，设为 40%，若液位变化较快，可手动控制。如果系统压力 PI4001 超过 5.8MPa，系统安全阀 SV4001 会自动打开，若压力变化较快，可通过减小原料气进气量并开大放空阀 PIC4004 来调节。投料至正常后，循环气中 H_2 的含量能保持在 79.3% 左右，CO 含量达到 6.29% 左右，CO_2 含量达到 3.5% 左右，说明体系已基本达到稳态。

体系达到稳态后，投用联锁。在 DCS 图上按"V402 液位联锁"按钮和"F401 液位低联锁"按钮。

循环气的正常组成如表 4-1。

表 4-1 循环气组成

组成	CO_2	CO	H_2	CH_4	N_2	Ar	CH_3OH	H_2O	O_2	高沸点物
体积分数/%	3.5	6.29	79.31	4.79	3.19	2.3	0.41	0.01	0	0

4.5.1.4 正常停车

（1）停原料气

将 FIC001 改为手动，关闭，现场关闭 FIC4001、前阀 VD4001、后阀 VD4002；将 FIC4002 改为手动，关闭；将 PIC4004 改为手动，关闭。

（2）开蒸汽

开蒸汽阀 V4006，投用 X401，使 TI4006 维持在 210℃ 以上，使残余气体继续反应。

（3）汽包降压

残余气体反应一段时间后，关蒸汽阀 V4006；将 PIC4005 改为手动调节，逐渐降压关闭 LIC4003 及其前后阀 VD4010、VD4009，停锅炉水。

（4）R401 降温

手动调节 PIC4004，使系统泄压；开启现场阀 V4008，进行 N$_2$ 置换，使 H$_2$＋CO$_2$＋CO 的体积分数小于 1％；保持 PI4001 在 0.5MPa 时，关闭 V4008；关闭 PIC4004；关闭 PIC4004 的前阀 VD4003、后阀 VD4004。

（5）停 C/K401

关 VD4015，停用压缩机；逐渐关闭 SIC6202；关闭现场阀 VD4013；关闭现场阀 VD4014；关闭现场阀 VD4011；关闭现场阀 VD4012。

（6）停冷却水

关闭现场阀 V4010，停冷却水；关闭现场阀 V4011，停冷却水。

4.5.1.5　紧急停车

（1）停原料气

将 FIC4001 改为手动，关闭，现场关闭 FIC4001 前阀 VD4001、后阀 VD4002；将 FIC4002 改为手动，关闭；将 PIC4004 改为手动，关闭。

（2）停压缩机

关 VD4015，停用压缩机；逐渐关闭 SIC6202；关闭现场阀 VD4013；关闭现场阀 VD4014；关闭现场阀 VD4011；关闭现场阀 VD4012。

（3）泄压

将 PIC4004 改为手动，全开；当 PI4001 降至 0.3MPa 以下时，将 PIC4004 关小。

（4）N$_2$ 置换

开 V4008，进行 N$_2$ 置换；当 CO＋H$_2$ 体积分数小于 5％后，用 0.5MPa 的 N$_2$ 保压。

4.5.1.6　事故操作规程

（1）分离罐液位高或反应器温度高联锁

原因：V402 液位高或 R401 温度高联锁。

现象：分离罐 V402 的液位 LIC4001 高于 50％；反应器 R401 的温度 TI4006 高于 250℃；原料气进气阀 FIC4001 和 FIC4002 关闭，透平电磁阀 SP4001 关闭。

处理：等联锁条件消除后，按"SP4001 复位"按钮，透平电磁阀 SP4001 复位；手动开启进料控制阀 FIC4001 和 FIC4002。

（2）汽包液位低联锁

原因：F401 液位低联锁。

现象：汽包 F401 的液位 LIC4003 低于 5％，温度高于 100℃；锅炉水入口阀 LIC4003 全开。

处理：等联锁条件消除后，手动调节锅炉水入口控制阀 LIC4003 至正常。

（3）混合气入口阀 FIC4001 阀卡

原因：控制阀 FIC4001 阀卡。

现象：混合气进料量变小，造成系统不稳定。

处理：开启混合气入口副线阀 V4001，将流量调至正常。

（4）透平坏

原因：透平坏。

现象：透平运转不正常，循环压缩机 C401 停。

处理：正常停车，修理透平。

（5）催化剂老化

原因：催化剂失效。

现象：反应速度降低，各成分的含量不正常，反应器温度降低，系统压力升高。

处理：正常停车，更换催化剂后重新开车。

（6）循环压缩机坏

原因：循环压缩机坏。

现象：压缩机停止工作，出口压力等于入口，循环不能继续，导致反应不正常。

处理：正常停车，修好压缩机后重新开车。

（7）反应塔温度高报警

原因：反应塔温度高报警。

现象：反应塔温度 TI4006 高于 250℃但低于 265℃。

处理：①全开汽包上部 PIC4005 控制阀，释放蒸汽热量；②打开现场锅炉水进料旁路阀 V4005，增大汽包的冷水进量；③将程控阀门 LIC4003 手动，全开，增大冷水进量；④手动打开现场汽包底部排污阀 V4014；⑤手动打开现场反应塔底部排污阀 V4012；⑥待温度稳定下降之后，观察下降趋势，当 TI4006 在 240℃时，关闭排污阀 V4012；⑦将 LIC4003 调至自动，设定液位为 50%；⑧关闭现场锅炉水进料旁路阀门 V4005；⑨关闭现场汽包底部排污阀 V4014；⑩将 PIC4005 投自动，设定为 4.3MPa。

（8）反应塔温度低报警

原因：反应塔温度低报警。

现象：反应塔温度 TI4006 高于 210℃但低于 220℃。

处理：①将锅炉水调节阀 LIC4003 调为手动，关闭；②缓慢打开喷射器入口阀 V4006；③当 TI4006 温度为 255℃时，逐渐关闭 V4006。

（9）分离罐液位高报警

原因：分离罐液位高报警。

现象：分离罐液位 LIC4001 高于 50%，但低于 65%。

处理：①打开现场旁路阀 V4003；②全开 LIC4001；③当液位低于 50%之后，关闭 V4003；④调节 LIC4001，稳定在 40%时投自动。

（10）系统压力 PI4001 高报警

原因：系统压力 PI4001 高报警。

现象：系统压力 PI4001 高于 5.5MPa，但低于 5.7MPa。

处理：①关小 FIC4001 的开度至 30%，压力正常后调回；②关小 FIC4002 的开度至 30%，压力正常后调回。

（11）汽包液位低报警

原因：汽包液位低报警。

现象：汽包液位 LIC4003 低于 10%，但高于 5%。

处理：①开现场旁路阀 V4005；②全开 LIC4003，增大入水量；③当汽包液位上升至

50％，关现场 V4005；④LIC4003 稳定在 50％时，投自动。

4.5.1.7　工艺控制指标

（1）控制仪表（表 4-2）

表 4-2　主要控制仪表指标值

序号	位号	正常值	单位	说明
1	FIC4101		Nm³/h	压缩机 C401 防喘振流量控制
2	FRCA4001	14877	Nm³/h	H₂、CO 混合气进料控制
3	FRCA4002	13804	Nm³/h	H₂ 进料控制
4	PRCA4004	4.9	MPa	循环气压力控制
5	PRCA4005	4.3	MPa	汽包 F401 压力控制
6	LICA4001	50	%	分离罐 F402 液位控制
7	LICA4003	50	%	汽包 F401 液位控制
8	SIC4202	50	%	透平 T401 蒸汽进量控制

（2）显示仪表（表 4-3）

表 4-3　主要显示仪表指标值

序号	位号	正常值	单位	说明
1	PI4201	3.9	MPa	蒸汽透平 T401 蒸汽压力
2	PI4202	0.5	MPa	蒸汽透平 T401 进口压力
3	PI4205	3.8	MPa	蒸汽透平 T401 出口压力
4	TI4201	250	℃	蒸汽透平 T401 进口温度
5	TI4202	150	℃	蒸汽透平 T401 出口温度
6	SI4201	3.8	r/min	蒸汽透平转速
7	PI4101	4.9	MPa	循环压缩机 C401 进口压力
8	PI4102	5.7	MPa	循环压缩机 C401 出口压力
9	TIA4101	40	℃	循环压缩机 C401 进口温度
10	TIA4102	44	℃	循环压缩机 C401 出口温度
11	PI4001	5.2	MPa	合成塔 R401 进口压力
12	PI4003	5.05	MPa	合成塔 R401 出口压力
13	TR4001	225	℃	合成塔 R401 进口温度
14	TR4003	255	℃	合成塔 R401 出口温度
15	TR4006	255	℃	合成塔 R401 温度
16	TI4001	91	℃	中间换热器 E401 热物流出口温度
17	TR4004	40	℃	分离罐 F402 进口温度
18	FR4006	13904	kg/h	粗甲醇采出量
19	FR4005	5.5	t/h	汽包 F401 蒸汽采出量
20	FR4004	1194	Nm³/h	弛放气量
21	TIA4005	250	℃	汽包 F401 温度
22	PDI4002	0.15	MPa	合成塔 R401 进出口压差
23	AR4011	3.5	%	循环气中 CO₂ 的体积分数
24	AR4012	6.29	%	循环气中 CO 的体积分数
25	AR4013	79.31	%	循环气中 H₂ 的体积分数
26	FFR4001	1.07		混合气与 H₂ 体积流量之比
27	TI4002	250	℃	喷射器 X401 进口温度
28	TI4003	104	℃	汽包 F401 进口锅炉水温度
29	FFR4002	2.06		新鲜气中 H₂ 与 CO 体积流量之比

（3）现场仪表（表 4-4）

表 4-4　主要现场仪表指标值

序号	位号	正常值	单位	说明
1	LG4001	50	％	分离罐 F402 现场液位显示
2	LG4003	50	％	汽包 F401 现场液位显示

4.5.2　甲醇精制工段

4.5.2.1　流程简述

如图 4-3、图 4-4、图 4-5，从甲醇合成工号来的粗甲醇进入粗甲醇预热器（E501）与预塔再沸器（E502）、加压塔再沸器（E506）来的冷凝水进行换热后进入预塔（T501），经 T501 分离后，塔顶气相为二甲醚、甲酸甲酯、二氧化碳、甲醇等蒸气，经二级冷凝后，不凝气通过火炬排放，冷凝液中补充脱盐水（防止设备结垢）返回 T501 作为回流液，塔釜为甲醇水溶液，经 P503A 增压后用加压塔（T502）塔釜出料液在 E505 中进行预热，然后进入 T502。

经 T502 分离后，塔顶气相为甲醇蒸气，与常压塔（T503）塔釜液换热后部分返回 T502 打回流，部分采出作为精甲醇产品，经 E507 冷却后送中间罐区产品罐，塔釜出料液在 E505 中与进料换热后作为 T503 塔的进料。

在 T503 中甲醇与轻重组分以及水得以彻底分离，塔顶气相为含微量不凝气的甲醇蒸气，经冷凝后，不凝气通过火炬排放，冷凝液部分返回 T503 打回流，部分采出作为精甲醇产品，经 E510 冷却后送中间罐区产品罐。塔釜出料液为含微量甲醇的水，经 P509A 增压后送污水处理厂。

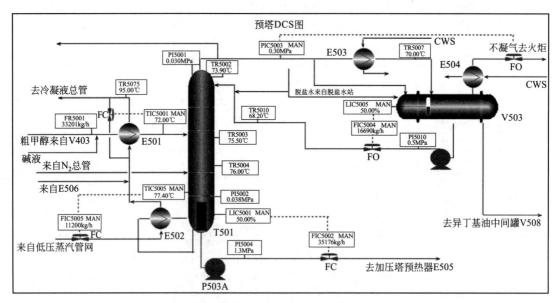

图 4-3　预塔 DCS 图

部分操作界面如图 4-6 所示。

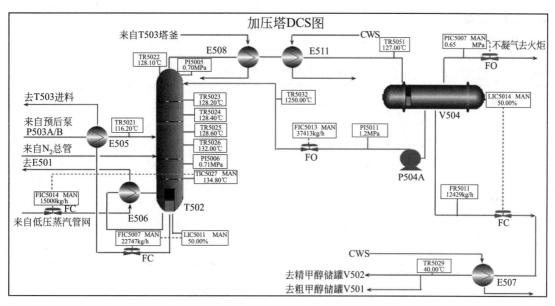

图 4-4　加压塔 DCS 图

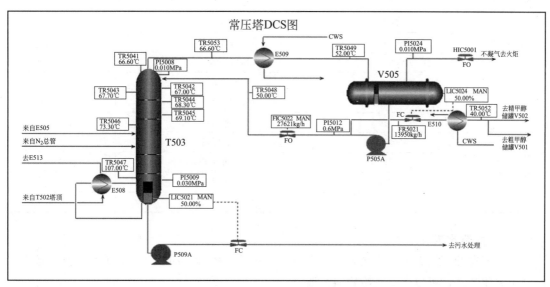

图 4-5　常压塔 DCS 图

图 4-6　甲醇精制部分操作界面

4.5.2.2 主要设备

甲醇精馏工段主要设备见表4-5。

表 4-5 甲醇精馏工段主要设备

序号	设备位号	设备名称	数量
1	T501	预塔	1
2	E501	粗甲醇预热器	1
3	E502	预塔再沸器	1
4	E503	预塔一级冷凝器	1
5	V503	预塔回流罐	1
6	T502	加压塔	1
7	E505	加压塔预热器	1
8	E506	加压塔蒸汽再沸器	2
9	E508	加压塔冷凝再沸器	1
10	E511	加压塔二级冷凝器	1
11	E507	精甲醇冷却器	1
12	V504	加压塔回流罐	1
13	T503	常压塔	1
14	E509	常压塔冷凝器	1
15	V505	常压塔回流罐	1
16	E510	精甲醇冷却器	1
17	P501A	T501 计量泵	1
18	P502A	T501 回流泵	1
19	P503A	T501 底部泵	1
20	P504A	T502 回流泵	1
21	P505A	T503 回流泵	1
22	P509A	T503 底部泵	1

4.5.2.3 冷态开车

装置冷态开工状态为所有装置处于常温、常压下，各调节阀处于手动关闭状态，各手操阀处于关闭状态，可以直接进冷物料流股。

（1）开车前准备

① 打开预塔一级冷凝器 E503 和二级冷凝器的冷却水阀。

② 打开加压塔冷凝器 E511 和 E507 的冷却水阀门。

③ 打开常压塔冷凝器 E509、E510 冷却水阀门。

④ 打开加压塔的 N_2 进料阀，充压至 0.65atm，关闭 N_2 进口阀。

（2）预塔、加压塔和常压塔开车

① 开粗甲醇预热器 E501 的进口阀门 VA5001（>50%），向预塔 T501 进料；打开碱液计量泵 P501A 的入口阀 VD5065；打开计量泵 P501A；打开碱液计量泵 P501A 的出口阀 VD5066 加碱液。

② 待塔顶压力大于 0.02MPa 时，调节预塔排气阀 FV5003，使塔顶压力维持在

0.03MPa 左右。

③ 预塔 T501 塔底液位超过 80％后，打开泵 P503A 的入口阀，启动泵。

④ 再打开泵出口阀，启动预后泵。

⑤ 手动打开调节阀 FV5002（＞50％），向加压塔 T502 进料。

⑥ 当加压塔 T502 塔底液位超过 40％后，手动打开塔釜液位调节阀 FV5007（＞50％），向常压塔 T503 进料。

⑦ 通过调节蒸汽阀 FV5005 开度，给预塔再沸器 E502 加热；通过调节阀门 PV5007 的开度，使加压塔回流罐压力维持在 0.65MPa；通过调节 FV5014 开度，给加压塔再沸器 E506B 加热；通过调节 TV5027 开度，给加压塔再沸器 E506A 加热。

⑧ 通过调节阀门 HV5001 的开度，使常压塔回流罐压力维持在 0.01MPa。

⑨ 当预塔回流罐有液体产生时，开脱盐水阀 VA5005，冷凝液中补充脱盐水，开预塔回流泵 P502A 入口阀，启动泵，开泵出口阀，启动回流泵。

⑩ 通过调节阀 FV5004（开度＞40％）开度控制回流量，维持回流罐 V503 液位在 40％以上；

⑪ 当加压塔回流罐有液体产生时，开加压塔回流泵 P504A 入口阀，启动泵，开泵出口阀，启动回流泵。调节阀 FV5013（开度＞40％）开度控制回流量，维持回流罐 V505 液位在 40％以上。

⑫ 回流罐 V505 液位无法维持时，逐渐打开 LV5014，打开 VA5052，采出塔顶产品。

⑬ 当常压塔回流罐有液体产生时，开常压塔回流泵 P505A 入口阀，启动泵，开泵出口阀。调节阀 FV5022（开度＞40％），维持回流罐 V506 液位在 40％以上。

⑭ 回流罐 V506 液位无法维持时，逐渐打开 FV5024，采出塔顶产品。

⑮ 维持常压塔塔釜液位在 80％左右。

（3）回收塔开车

① 常压塔侧线采出杂醇油作为回收塔 T504 进料，打开侧线采出阀 VD5029- VD5032，开回收塔进料泵 P506A 入口阀，启动泵，开泵出口阀。调节阀 FV5023（开度＞40％）开度控制采出量，打开回收塔进料阀 VD5033- VD5037。

② 待塔 T504 塔底液位超过 50％后，手动打开流量调节阀 FV5035，与 T503 塔底污水合并。

③ 通过调节蒸汽阀 FV5031 开度，给再沸器 E714 加热。

④ 通过调节阀 VA5046 的开度，使回收塔压力维持在 0.01MPa。

⑤ 当回流罐有液体产生时，开回流泵 P711A 入口阀，启动泵，开泵出口阀，调节阀 FV5032（开度＞40％），维持回流罐 V507 液位在 40％以上。

⑥ 回流罐 V507 液位无法维持时，逐渐打开 FV5036，采出塔顶产品。

（4）调节至正常

① 调整 PIC5003 开度，使预塔 PIC5003 达正常值。待预塔塔压稳定后，将 PIC5003 设置为自动，设定 PIC5003 为 0.03MPa，塔压控制在 0.03MPa 左右。

② 调节 FV5001，进料温度稳定至正常值。进料温度稳定在 72℃后，将 TIC5001 设置为自动。

③ 逐步调整预塔回流量 FIC5004 至正常值。将调节阀 FV5004 开至 50％，当 FIC5004

稳定在 16690kg/h，将 FIC5004 设置为自动，设定 FIC5004 为 16690kg/h，将 LIC5005 设为自动，设定 LIC5005 为 50％，将 FIC5004 设为串级，FIC5004 流量稳定在 16690kg/h。

④ 逐步调整塔釜出料量 FIC5002 至正常值。将调节阀 FV5002 开至 50％，当 FIC5002 稳定在 35176kg/h，将 FIC5002 设置为自动，设定 FIC5002 为 35176kg/h，将 LIC5001 设为自动，设定 LIC5001 为 50％，将 FIC5002 设为串级。

⑤ 通过调整加热蒸汽量 FIC5005 控制预塔塔釜温度 TIC5005 至正常值。预塔塔釜液位，FIC5002 流量稳定在 35176kg/h，将调节阀 FV5005 开至 50％，当 FIC5005 稳定在 11200kg/h，将 FIC5005 设置为自动，设定 FIC5005 为 11200kg/h，将 TIC5005 设为自动，设定 TIC5005 为 77.4℃，将 FIC5005 设为串级，塔釜温度稳定在 77.4℃，FIC5005 流量稳定在 11200kg/h。

⑥ 通过调节 PIC5007 开度，使加压塔压力稳定。FIC5005 流量稳定在 11200kg/h，加压塔压力控制在 0.7MPa，将 LIC5014 设为自动，设定 LIC5014 为 50％。

⑦ 逐步调整加压塔回流量 FIC5013 至正常值。设定 FIC5013 为 37413kg/h，FIC5013 流量稳定在 37413kg/h。

⑧ 开 LIC5014 和 FIC5007 出料，注意加压塔回流罐、塔釜液位。将调节阀 FV5007 开至 50％，当 FIC5007 稳定在 22747kg/h，将 FIC5007 设置为自动，设定 FIC5007 为 22747kg/h。

⑨ 通过调整加热蒸汽量 FIC5014 和 TIC5027 控制加压塔塔釜温度 TIC5027 至正常值。

⑩ 开 LIC5024 和 LIC5021 出料，注意常压塔回流罐、塔釜液位。

⑪ 开 FIC5036 和 FIC5035 出料，注意回收塔回流罐、塔釜液位。

⑫ 通过调整加热蒸汽量 FIC5031 控制回收塔塔釜温度 TIC5065 至正常值。

⑬ 将各控制回路投自动，各参数稳定与工艺设计值吻合后，投产品采出串级。

4.5.2.4　正常操作规程

正常工况下的工艺参数如下：

① 进料温度 TIC5001 投自动，设定值为 72℃。

② 预塔塔顶压力 PIC5003 投自动，设定值为 0.03MPa。

③ 预塔塔顶回流量 FIC5004 设为串级，设定值为 16690kg/h，LIC5005 投自动，设定值为 50％。

④ 预塔塔釜采出量 FIC5002 设为串级，设定值为 35176kg/h，LIC5001 投自动，设定值为 50％。

⑤ 预塔加热蒸汽量 FIC5005 设为串级，设定值为 11200kg/h，TIC5005 投自动，设定值为 77.4℃。

⑥ 加压塔加热蒸汽量 FIC5014 设为串级，设定值为 15000kg/h，TIC5027 投自动，设定值为 134.8℃。

⑦ 加压塔顶压力 PIC5007 投自动，设定值为 0.65MPa。

⑧ 加压塔塔顶回流量 FIC5013 投自动，设定值为 37413kg/h。

⑨ 加压塔回流罐液位 LIC5014 投自动，设定值为 50％。

⑩ 加压塔塔釜采出量 FIC5007 设为串级，设定值为 22747kg/h，LIC5011 投自动，设定值为 50％。

⑪ 常压塔塔顶回流量 FIC5022 投自动，设定值为 27621kg/h。

⑫ 常压塔回流罐液位 LIC5024 投自动，设定值为 50％。

⑬ 常压塔塔釜液位 LIC5021 投自动，设定值为 50％。

⑭ 常压塔侧线采出量 FIC5023 投自动，设定值为 658kg/h。

⑮ 回收塔加热蒸汽量 FIC5031 设为串级，设定值为 500kg/h，TIC5065 投自动，设定值为 107℃。

⑯ 回收塔塔顶回流量 FIC5032 投自动，设定值为 1188kg/h。

⑰ 回收塔塔顶采出量 FIC5036 设为串级，设定值为 135kg/h，LIC5016 投自动，设定值为 50％。

⑱ 回收塔塔釜采出量 FIC5035 设为串级，设定值为 346kg/h，LIC5031 投自动，设定值为 50％。

⑲ 回收塔侧线采出量 FIC5034 投自动，设定值为 175kg/h。

4.5.2.5　停车操作规程

（1）预塔停车

① 手动逐步关小进料阀 VA5001，使进料降至正常进料量的 50％。

② 在降负荷过程中，尽量通过 FV5002 排出塔釜产品，使 LIC5001 降至 30％左右。

③ 关闭调节阀 VA5001，停预塔进料。

④ 关闭阀门 FV5005，停预塔再沸器的加热蒸汽。

⑤ 手动关闭 FV5002，停止产品采出。

⑥ 打开塔釜泄液阀 VA5012，排不合格产品，并控制塔釜降低液位。

⑦ 关闭脱盐水阀门 VA5005。

⑧ 停进料和再沸器后，回流罐中的液体全部通过回流泵打入塔，以降低塔内温度。

⑨ 当回流罐液位降至 5％，停回流，关闭调节阀 FV5004。

⑩ 当塔釜液位降至 5％，关闭泄液阀 VA5012。

⑪ 当塔压降至常压后，关闭 FV5003。

⑫ 预塔温度降至 30℃左右时，关冷凝器冷凝水。

（2）加压塔停车

① 加压塔采出精甲醇 VA5052 改去粗甲醇贮槽 VA5053。

② 尽量通过 LV5014 排出回流罐中的液体产品，至回流罐液位 LIC5014 在 20％左右。

③ 尽量通过 FV5007 排出塔釜产品，使 LIC5011 降至 30％左右。

④ 关闭阀门 FV5014 和 TV5027，停加压塔再沸器的加热蒸汽。

⑤ 手动关闭 LV5014 和 FV5007，停止产品采出。

⑥ 打开塔釜泄液阀 VA5023，排不合格产品，并控制塔釜降低液位。

⑦ 停进料和再沸器后，回流罐中的液体全部通过回流泵打入塔，以降低塔内温度。

⑧ 当回流罐液位降至 5％，停回流，关闭调节阀 FV5013。

⑨ 当塔釜液位降至 5％，关闭泄液阀 VA5023。

⑩ 当塔压降至常压后，关闭 PV5007。

⑪ 加压塔温度降至 30℃左右时，关冷凝器冷凝水。

（3）常压塔停车

① 常压塔采出精甲醇 VA5054 改去粗甲醇贮槽 VA5055。

② 通过 FV5024 排出回流罐中的液体产品至回流罐液位 LIC5024 在 20％左右。

③ 通过 FV5021 排出塔釜产品，使 LIC5021 降至 30％左右。

④ 手动关闭 FV5024，停止产品采出。

⑤ 打开塔釜泄液阀 VA5035，排不合格产品，并控制塔釜降低液位。

⑥ 停进料和再沸器后，回流罐中的液体全部通过回流泵打入塔。

⑦ 当回流罐液位降至 5％，停回流，关闭调节阀 FV5022。

⑧ 当塔釜液位降至 5％，关闭泄液阀 VA5035。

⑨ 当塔压降至常压后，关闭 HV5001。

⑩ 关闭侧线采出阀 FV5023。

⑪ 常压塔温度降至 30℃左右时，关冷凝器冷凝水。

（4）回收塔停车

① 回收塔采出精甲醇 VA5056 改去粗甲醇贮槽 VA5057。

② 通过 FV5036 排出回流罐中液体产品，至回流罐液位 LIC5016 在 20％左右。

③ 尽量通过 FV5035 排出塔釜产品，使 LIC5031 降至 30％左右。

④ 手动关闭 FV5036 和 FV5035，停止产品采出。

⑤ 停进料和再沸器后，回流罐中的液体全部通过回流泵打入塔。

⑥ 当回流罐液位降至 5％，停回流，关闭调节阀 FV5032。

⑦ 当塔釜液位降至 5％，关闭泄液阀 FV5035。

⑧ 当塔压降至常压后，关闭 VA5046。

⑨ 关闭侧线采出阀 FV5034。

⑩ 回收塔温度降至 30℃左右时，关冷凝器冷凝水。

⑪ 关闭 FV5021。

4.5.2.6 事故操作规程

（1）回流控制阀 FV5004 阀卡

原因：回流控制阀 FV5004 阀卡。

现象：回流量减小，塔顶温度上升，压力增大。

处理：打开旁路阀 VA5009，保持回流。

（2）回流泵 P502A 故障

原因：回流泵 P502A 泵坏。

现象：P502A 断电，回流中断，塔顶压力、温度上升。

处理：启动备用泵 P502B。

（3）回流罐 V503 液位超高

原因：回流罐 V503 液位超高。

现象：V503 液位超高，塔温度下降。

处理：启动备用泵 P502B。

（4）甲醇精制罐区泄漏着火事故应急预案

原因：罐区储罐发生泄漏着火。

现象：发生着火，火势逐渐严重。

处理：启动应急预案。

（5）甲醇精制预塔塔釜漏液应急预案

原因：预塔塔釜发生泄漏。

现象：塔釜发生漏液，但未发生着火。

处理：启动应急预案。

4.5.2.7　仪表一览表

各类仪表见表 4-6、表 4-7、表 4-8。

表 4-6　预塔 T501 仪表一览表

位号		单位	正常值	量程	备注
流量	FIC5002	kg/h	35176	0~55000	T501 塔釜流量
	FIC5004	kg/h	16690	0~35000	T501 回流量
	FR5001	kg/h	33201	0~50000	T501 进料量
	FIC5005	kg/h	11200	0~14000	T501 再沸器加热量
温度	TIC5001	℃	72	0~150	T501 进料温度
	TIC5005	℃	77.4	0~150	T501 塔釜温度
	TR5075	℃	95	0~150	E401 热侧出口温度
	TR5002	℃	73.9	0~150	T501 塔顶温度
	TR5003	℃	75.5	0~150	T501 Ⅰ与Ⅱ填料间温度
	TR5004	℃	76	0~100	T501 Ⅱ与Ⅲ填料间温度
	TR5005	℃	77.4	0~150	T501 塔釜温度控制
	TR5007	℃	50	0~150	E503 出料温度
	TR5010	℃	68.2	0~150	T501 回流液温度
压力	PIC5003	MPa	0.03	0~0.05	T501 塔顶压力
	PI5001	MPa	0.03	0~0.05	T501 塔顶压力
	PI5002	MPa	0.038	0~0.05	T501 塔釜压力
	PI5004	MPa	1.27	0~2.5	P503A 出口压力
	PI5010	MPa	0.49	0~0.8	P502A 出口压力
液位	LIC5001	%	50	0~100	T501 塔釜液位
	LIC5005	%	50	0~100	V503 液位

表 4-7　加压塔 T502 仪表一览表

位号		单位	正常值	量程	备注
流量	FIC5007	kg/h	22747	0~33000	T503 进料量
	FIC5013	kg/h	37413	0~50000	T502 回流量
	FIC5014	kg/h	15000	0~40000	T502 再沸器加热量
	FR5011	kg/h	12430	0~20000	T502 塔顶采出量
温度	TIC5027	℃	134.8	0~200	T502 塔底温度
	TR5021	℃	116.2	0~200	T502 进料温度
	TR5022	℃	128.1	0~200	T502 塔顶温度
	TR5023	℃	128.2	0~200	T502 Ⅰ与Ⅱ填料间温度
	TR5024	℃	128.4	0~200	T502 Ⅱ与Ⅲ填料间温度
	TR5025	℃	128.6	0~200	T502 Ⅱ与Ⅲ填料间温度
	TR5026	℃	132	0~200	T502 Ⅱ与Ⅲ填料间温度
	TR5051	℃	127	0~200	E511 热侧出口温度
	TR5032	℃	125	0~200	T502 回流液温度
	TR5029	℃	40	0~100	E507 热侧出口温度
压力	PIC5007	MPa	0.65	0~1.2	T502 塔顶压力
	PI5005	MPa	0.50	0~1.2	T502 塔顶压力
	PI5011	MPa	1.18	0~2.5	P504A 出口压力
	PI5006	MPa	0.71	0~1.2	T502 塔釜压力
液位	LIC5011	%	50	0~100	T502 塔釜液位
	LIC5014	%	50	0~100	V504 液位

表 4-8　常压塔 T503 仪表一览表

位号		单位	正常值	量程	备注
流量	FIC5022	kg/h	27621	0～58000	T503 回流量
	FR5021	kg/h	13950	0～20000	T503 塔顶采出量
液位	LIC5021	%	50	0～100	T503 塔釜液位
	LIC5024	%	50	0～100	V505 液位
温度	TR5041	℃	66.6	0～150	T503 塔顶温度
	TR5042	℃	67	0～150	T503 Ⅰ与Ⅱ填料间温度
	TR5043	℃	67.7	0～150	T503 Ⅱ与Ⅲ填料间温度
	TR5044	℃	68.3	0～150	T503 Ⅲ与Ⅳ填料间温度
	TR5045	℃	69.1	0～150	T503 Ⅳ与Ⅴ填料间温度
	TR5046	℃	73.3	0～150	T503 Ⅴ填料与塔盘间温度
	TR5047	℃	107	0～200	T503 塔釜温度控制
	TR5048	℃	50	0～100	T503 回流液温度
	TR5049	℃	52	0～100	E509 热侧出口温度
	TR5052	℃	40	0～100	E510 热侧出口温度
	TR5053	℃	66.6	0～150	E509 入口温度
压力	PI5008	MPa	0.01	0～0.05	T503 塔顶压力
	PI5024	MPa	0.01	0～0.04	V505 平衡管线压力
	PI5012	MPa	0.64	0～1.2	P505A 出口压力
	PI5009	MPa	0.03	0～0.05	T503 塔釜压力

4.5.2.8　主要阀门一览表

各类阀门见表 4-9、表 4-10。

表 4-9　开关型阀门数据表

序号	位号	变量所在位置
1	VD5101	E501 冷凝液出口旁路控制阀 FV4001 前阀
2	VD5102	E501 冷凝液出口旁路控制阀 FV4001 后阀
3	VD5103	E502 低压蒸汽控制阀前阀
4	VD5104	E502 低压蒸汽控制阀后阀
5	VD5105	T501 回流液控制阀前阀
6	VD5106	T501 回流液控制阀后阀
7	VD5107	V503 不凝气控制前阀
8	VD5108	V503 不凝气控制后阀
9	VD5109	T501 塔釜排液控制阀前阀
10	VD5110	T501 塔釜排液控制阀后阀
11	VD5111	E506 低压蒸汽控制前阀
12	VD5112	E506 低压蒸汽控制后阀
13	VD5113	T502 塔釜排液控制阀前阀
14	VD5114	T502 塔釜排液控制阀后阀
15	VD5117	T502 回流液控制阀前阀
16	VD5118	T502 回流液控制阀后阀
17	VD5119	V504 不凝气控制前阀
18	VD5120	V504 不凝气控制后阀
19	VD5121	V504 粗甲醇流量控制前阀
20	VD5122	V504 粗甲醇流量控制后阀
21	VD5125	T503 回流液控制阀前阀
22	VD5126	T503 回流液控制阀后阀
23	VD5127	V505 粗甲醇流量控制前阀
24	VD5128	V505 粗甲醇流量控制后阀
25	VD5129	V505 不凝气控制前阀

续表

序号	位号	变量所在位置
26	VD5130	V505 不凝气控制后阀
27	VD5044	T501 的氮气阀
28	VD5043	T502 的氮气阀
29	VD5045	T503 的氮气阀
30	VD5131	FV5021 前阀
31	VD5132	FV5021 后阀
32	VD5133	碱液进口阀

表 4-10　手动型阀门数据表

序号	位号	变量所在位置
1	VA5001	粗甲醇进料阀
2	VA5002	FV5001 旁路阀
3	VA5003	T501 塔顶阀
4	VA5004	脱盐水旁路阀
5	VA5005	脱盐水阀
6	VA5006	E503 冷凝水阀
7	VA5007	PV5003 旁路阀
8	VA5008	V503 不凝气冷凝水阀
9	VA5009	FV5004 旁路阀
10	VA5010	T501 塔顶去异丁基油阀
11	VA5011	FV5002 旁路阀
12	VA5012	T501 塔釜排液阀
13	VA5013	FV5005 旁路阀
14	VA5015	FV5014 旁路阀
15	VA5016	FV5007 旁路阀
16	VA5017	T502 塔顶阀
17	VA5018	E511 冷凝水阀
18	VA5019	FV5013 旁路阀
19	VA5020	LV5014 旁路阀
20	VA5021	E507 冷凝水阀
21	VA5023	T502 塔釜排液阀
22	VA5024	PV5007 旁路阀
23	VA5026	E510 冷凝水阀
24	VA5027	E509 冷凝水阀
25	VA5028	T503 塔顶产品阀
26	VA5029	HV5001 旁路阀
27	VA5030	FV5024 旁路阀
28	VA5031	FV5022 旁路阀
29	VA5034	FV5021 旁路阀
30	VA5035	T503 塔釜排液阀
31	VA5051	T503 塔釜阀
32	VA5052	T502 塔顶精品阀
33	VA5053	T502 塔顶粗产品阀
34	VA5054	T503 塔顶精品阀
35	VA5055	T503 塔顶粗产品阀

4.6　实训结果与结论要求

（1）按照操作规程进行生产

（2）进料量符合要求

（3）收率符合要求

（4）各项控制指标符合要求

① 将分离罐液位 LIC4001 控制在 30%～50%；

② 将汽包液位 LIC4003 控制在 30%～50%；

③ 将系统压力 PI4001 控制在 4.0～5.7MPa；

④ 将系统汽包 PIC4005 控制在 4.0～4.8MPa；

⑤ 将反应器温度 TI4006 控制在 210～280℃；

⑥ 将汽包温度 TI4005 控制在 200～250℃；

⑦ 将新鲜气中 H_2 与 CO 体积比 FFI4002 控制在 2.05～2.15 之间；

⑧ 循环气中 CO_2 的体积分数；

⑨ 循环气中 CO 的体积分数；

⑩ 循环气中 H_2 的体积分数；

⑪ 循环气中 N_2 的体积分数。

（5）评分细则

① 过程的开始和结束是以起始条件和终止条件来决定的。起始条件满足则过程开始，终止条件满足则过程结束。操作步骤的开始是以操作步骤的起始条件和本操作步骤所对应的过程的起始条件来决定的，必须使操作步骤的上一级过程的起始条件和操作步骤本身的起始条件满足，这个操作步骤才可开始操作。如果操作步骤没有满足起始条件，那么，只要它上一级过程的起始条件满足即可操作。

② 操作步骤评定有三级，由评分权区分，对于高级评分，过程基础分给的低，操作步骤分给的高，而低级评分，则是过程基础分给的高，操作步骤分给的低。操作质量的评定与操作步骤有所不同，由于对于不同的工况各个质量指标开始评定和结束评定的条件不一样，而质量指标的参数是一样的。

③ 过程只给基础分，步骤只给操作分。基础分在整个过程完成后给予操作者，步骤分则视该步骤完成情况给予操作者。

④ 一个过程的起始条件没有满足时，终止条件不予评判，因此也不会满足。

⑤ 过程终止条件满足时，其子过程及所有过程下的步骤都不再参与评判，也就是这个过程中没有进行完毕的过程或步骤都不会再完成了，也得不到分。

⑥ 操作步骤起始条件未满足，而动作已经完成，则认为此步骤错误，分数完全扣掉。

⑦ 步骤起始条件未满足，而动作已完成，则认为此步骤错误，分数完全扣掉。

⑧ 对质量指标来说，评判它好与不好是根据指标在设定值上、下的偏差。质量指标的上下允许范围内的数值不扣分，超过了允许范围要扣分，直至该指标得分为 0 为止。

⑨ 评分时对冷态开车评定步骤和质量，对于正常停车只评定步骤分。

第5章　加氢反应系统安全应急演练仿真实训

5.1　实训目的

加氢反应装置中反应压力、温度都很高，火灾、爆炸危险性极大，属于化工装置中的重大危险源，一旦反应装置失控，将会造成重大伤亡事故，故对该装置的安全演练显得尤为重要。本仿真实训项目采用虚拟现实技术，依据工厂实际布局搭建模型，按实际生产过程出现的事故完成交互，完整再现了生产过程中突发事故的应急处理办法。

通过仿真实训，可达到如下目的：

① 了解加氢反应系统的生产原理和生产控制的基础知识。

② 掌握加氢反应系统的工艺流程，以及安全操作知识的学习，学习典型化工设备的操控和维护，掌握温度控制、压力控制等影响化工安全的各种因素。

③ 熟悉化工生产安全从防范到施救处理的完整流程，进一步认识化工生产各个设备操作的相互联系和影响，理解化工生产安全的整体性。

④ 使学生深入了解化工生产控制系统的动态特性，提高学生对复杂化工工程动态运行分析和协调控制能力。

⑤ 通过虚实结合，让学生熟悉消防器材的使用，掌握一定的救护知识，培养学生对突发化工生产事故发现和处理的能力。

⑥ 熟悉处理突发事故时处于不同岗位的岗位职责，加强学生处置事故过程中联合操作的能力，提高学生解决复杂安全问题的综合能力。

5.2　实训原理

5.2.1　工艺流程

如图 5-1、图 5-2，自装置外来原料油进入原料缓冲罐（V101），由原料油泵（P101A/B）送至原料油/柴油换热器（E104）、原料油/分馏塔二中段回流换热器（E105）、原料油/尾油换热器（E106）加热后，再经过自动反冲洗过滤器（SR101）过滤，进入滤后原料油缓冲罐（V102）。滤后原料油经反应进料泵（P102A/B）升压后与氢气混合，在混氢油/反应产物换热器（E101）与反应产物换热后，通过反应进料加热炉（F101）加热到反应所需温度（364℃），先后进入加氢精制反应器（R101）和加氢裂化反应器（R102），混氢油在反应器中催化剂的作用下，进行加氢精制和加氢裂化反应，在催化剂床层间设有控制反应温度的急冷氢（循环氢供给）。

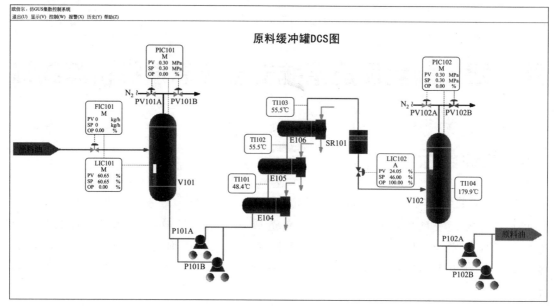

图 5-1　原料缓冲罐 DCS 图

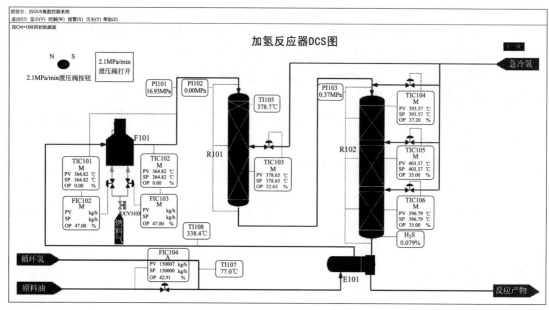

图 5-2　加氢反应器 DCS 图

5.2.2　系统组成

仿真项目系统组成见表 5-1。

表 5-1　仿真项目系统组成

序号	位号	名称
1	V101	原料油缓冲罐
2	P101A/B	原料油泵
3	E101	混氢油/反应产物换热器
4	E104	原料油/柴油换热器
5	E105	原料油/分馏塔二中段回流换热器

序号	位号	名称
6	E106	原料油/尾油换热器
7	SR101	自动反冲洗过滤器
8	V102	原料油缓冲罐
9	F101	反应进料加热炉
10	R101	加氢精制反应器
11	R102	加氢裂化反应器

5.2.3　日常维护和巡检内容

日常维护和巡检内容见表 5-2。

表 5-2　日常维护和巡检内容

序号	检查项目	检查内容	应达到的标准	责任单位
1	仪表	测量指示情况	经校正测量指示正确	仪表、工艺
2	控制系统	控制阀、控制回路、仪表	动作灵活、好用齐全、连接正确、压力稳定	仪表、工艺
3	DCS 系统	所有回路、控制画面、连锁系统、附属系统	齐全、完整、正常完整、好用	仪表、工艺
4	塔、罐	有无杂物、内构件、外部附件	无杂物、内构件齐全无损坏、液位计齐全良好、安全阀齐全良好	维修、工艺
5	机泵	冷却水系统、润滑油、盘车情况	已投用、畅通、干净、油位合适、轻松无卡涩	维修、工艺
6	消防设施	消防蒸汽 消防栓消防炮 灭火器具	处于备用状态 处于备用状态 齐全、可以备用	维修、工艺

5.2.4　事故描述

事故 1：原料油增压泵泄漏着火。

事故 2：加氢反应器进口管线焊缝破裂着火。

事故 3：高压换热器管束原料油泄漏。

5.2.5　事故处理

进行紧急停车、救治伤员、设立警戒线、扑灭明火并恢复现场环境到正常等应急处理操作。

5.3　实训设备

加氢反应系统安全应急演练 3D 仿真实训系统（包括通信软件、三维虚拟场景、仿 DCS 控制系统和智能评价系统）。

5.4　实训材料

事故发生前各装置和仪表运行正常，初始值如表 5-3。

表 5-3　预设参数

序号	位号	名称	正常值	单位	正常工况
1	FIC101	原料油进料流量控制	150000	kg/h	投串级
2	FIC102	加热炉燃料气进料流量控制	30000	kg/h	投串级
3	FIC104	循环氢进料流量控制	170014	kg/h	投串级

续表

序号	位号	名称	正常值	单位	正常工况
4	PIC101	原料油缓冲罐 V101 压力控制	0.3	MPa	投自动
5	PIC110	加热炉炉膛压力控制	−10	kPa	投自动
6	TIC102	反应器 R101 入口温度控制	366	℃	投自动
7	TIC103	反应器 R101 床层温度控制	378	℃	投自动
8	TIC104	反应器 R102 第一床层温度控制	391	℃	投自动
9	TIC105	反应器 R102 第二床层温度控制	398	℃	投自动
10	TIC106	反应器 R102 第三床层温度控制	391	℃	投自动

5.5　实训方法与步骤要求

5.5.1　原料油增压泵泄漏着火事故应急预案

5.5.1.1　事故背景

外操工 A 在泵房巡检时发现原料油增压泵 P101A 机械密封泄漏，大量原料油雾状喷出着火，并看到现场有一名外操工 B 受伤，如图 5-3 所示。

(a) 加载界面

(b) 事故背景界面

(c) 事故现场界面

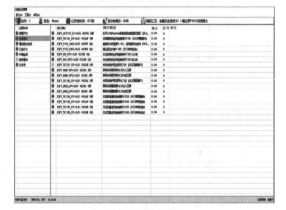

(d) 智能评分界面

图 5-3　原料油增压泵泄漏着火事故界面

5.5.1.2　应急处理操作

原料油增压泵泄漏着火事故主要实训演练方法：外操巡检、发现事故、报警、转移伤员、内操 DCS 紧急停车处理、外操现场紧急停车处理、呼叫救护、设立警戒、消防处置、环境监测、解除警报。

具体操作步骤如下：

① 外操工 A 立即跑向附近的警铃处，触发警报。

② 触发警报后，外操工 A 立即用对讲机向班长报告："紧急报告！原料油增压泵 P101A 机械密封泄漏着火，现场有一名外操工受伤。"

③ 班长接到外操工 A 的报警后，立即使用广播启动"车间紧急停车应急预案"；用对讲机命令现场外操工 A 将受伤人员转移至安全地方。并通知内操人员打开 2.1MPa/min 紧急泄压按钮。

④ 外操工 A 接到班长命令后，立即将受伤外操工 B 转移至安全地点，并通过对讲机向班长汇报："受伤外操工 B 已转移至安全地方，但受伤严重，需要医疗救护。"

⑤ 班长接到外操工 A 汇报后，立即命令室内主操打电话叫救护车。

⑥ 主操接到停车命令后，打电话 120 叫救护车，电话内容："加氢装置原料油增压泵泄漏着火，现场有人受伤，请派救护车来救人，报警人张三。"

⑦ 班长命令安全员："请组织人员到车间路口及现场设立警戒绳。"

⑧ 班长命令安全员引导救护车进入事故现场对受伤人员进行救助治疗。

⑨ 班长命令主操及外操员"执行紧急停车操作"。

⑩ 主操执行紧急停车应急预案：

打开 2.1MPa/min 紧急泄压按钮。

关闭原料油进料控制阀 FIC101。

停原料油增压泵 P101，切断原料油进料。

停反应进料泵 P102。

关闭加热炉温控阀 TIC101。

关闭加热炉温控阀 TIC102。

关闭新氢进料控制阀 TIC103。

关闭新氢进料控制阀 TIC104。

关闭新氢进料控制阀 TIC105。

关闭新氢进料控制阀 TIC106。

⑪ 外操工 A 执行紧急停车应急预案：

关闭原料油进料控制阀 FIC101 进口阀。

关闭原料油进料控制阀 FIC101 出口阀。

现场关闭加热炉温控阀 TIC101 进口阀。

现场关闭加热炉温控阀 TIC101 出口阀。

现场关闭加热炉温控阀 TIC102 进口阀。

现场关闭加热炉温控阀 TIC102 出口阀。

⑫ 班长命令外操工 A 及到达现场的外操员打开事故附近的消防水炮对装置进行降温灭火。

⑬ 值班长命令安全员"打开消防通道，引导消防车进入事故现场"。

⑭ 消防车进入现场后，立即对着火点进行消防灭火。现场明火熄灭后，通知班长"火已熄灭"。

⑮ 环境监测小组到达现场，对事故周围现场进行环境监测。经现场环境监测合格后，

通知班长"经监测现场环境合格，可以解除安全警报"。

⑯ 班长通知外操工 A 关闭警报，并使用广播"解除事故应急预案"。

5.5.2 加氢反应器入口管线焊缝破裂着火事故应急预案

5.5.2.1 事故背景

外操工 A 正在厂区巡检，突然发现加氢反应器 R101 进口管线焊缝破裂着火，如图 5-4 所示。

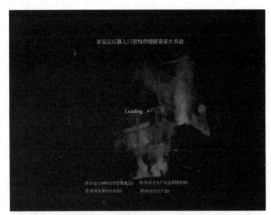

(a) 加载界面

(b) 初始界面

(c) 事故现场界面

(d) 消防车灭火界面

图 5-4 加氢反应器入口管线焊缝破裂着火事故界面

5.5.2.2 应急处理操作

加氢反应器入口管线焊缝破裂着火事故主要实训演练方法：外操巡检、发现事故、报警、转移伤员、内操 DCS 紧急停车处理、外操现场紧急停车处理、呼叫救护、设立警戒、消防处置、环境监测、解除警报。

具体操作步骤如下：

① 外操工 A 立即跑向附近的警铃处，触发警报。

② 外操工 A 立即向班长报告："紧急报告！加氢反应器 R101 入口管线焊缝破裂着火。"

③ 班长接到外操员 A 的报警后，立即使用广播启动"车间紧急停车应急预案"；并通知内操人员打开 2.1MPa/min 紧急泄压按钮。

④ 班长命令安全员："请组织人员到车间路口及现场设立警戒绳。"

⑤ 班长命令主操及外操工 A "执行紧急停车操作"。

⑥ 主操执行紧急停车应急预案：

打开 2.1MPa/min 紧急泄压按钮。

关闭原料油进料控制阀 FIC101。

停原料油增压泵 P101，切断原料油进料。

停反应进料泵 P102。

关闭加热炉温控阀 TIC101。

关闭加热炉温控阀 TIC102。

关闭新氢进料控制阀 TIC103。

关闭新氢进料控制阀 TIC104。

关闭新氢进料控制阀 TIC105。

关闭新氢进料控制阀 TIC106。

⑦ 外操员执行紧急停车应急预案：

关闭原料油进料控制阀 FIC101 进口阀。

关闭原料油进料控制阀 FIC101 出口阀。

现场关闭加热炉温控阀 TIC101 进口阀。

现场关闭加热炉温控阀 TIC101 出口阀。

现场关闭加热炉温控阀 TIC102 进口阀。

现场关闭加热炉温控阀 TIC102 出口阀。

⑧ 班长命令外操工 A 及到达现场的外操员打开事故附近的消防水炮对装置进行降温灭火。

⑨ 值班长命令安全员"打开消防通道，引导消防车进入事故现场"。

⑩ 消防车进入现场后，立即对着火点进行消防灭火。现场明火熄灭后，通知班长"火已熄灭"。

⑪ 环境监测小组到达现场，对事故周围现场进行环境监测。经现场环境监测合格后，通知班长"经监测现场环境合格，可以解除安全警报"。

⑫ 班长通知外操工 A 关闭警报，并使用广播"解除事故应急预案"。

5.5.3　高压换热器管束泄漏事故应急预案

5.5.3.1　事故背景

外操工 A 正在厂区巡检，突然发现高压换热器 E101 管束原料油泄露，大量高温高压原料油泄漏。如图 5-5 所示。

5.5.3.2　应急处理操作

高压换热器管束泄漏事故主要实训演练方法：外操巡检、发现事故、报警、转移伤员、内操 DCS 紧急停车处理、外操现场紧急停车处理、呼叫救护、设立警戒、消防处置、环境监测、解除警报。

具体操作步骤如下：

① 外操工 A 立即跑向附近的警铃处，触发警报。

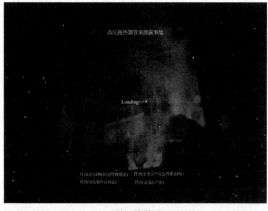
(a) 加载界面

(b) 初始界面

(c) 事故现场

(d) 环境检测界面

图 5-5　高压换热器管束泄漏事故界面

② 外操工 A 立即向班长报告："紧急报告！高压换热器 E101 管束原料油泄漏。"

③ 班长接到外操工 A 的报警后，立即使用广播启动"车间紧急停车应急预案"；并通知内操人员打开 2.1MPa/min 紧急泄压按钮。

④ 班长命令安全员："请组织人员到车间路口及现场设立警戒绳。"

⑤ 班长命令主操及外操工 A "执行紧急停车操作"。

⑥ 主操执行紧急停车应急预案：

打开 2.1MPa/min 紧急泄压按钮。

关闭原料油进料控制阀 FIC101。

停原料油增压泵 P101，切断原料油进料。

停反应进料泵 P102。

关闭加热炉温控阀 TIC101。

关闭加热炉温控阀 TIC102。

关闭新氢进料控制阀 TIC103。

关闭新氢进料控制阀 TIC104。

关闭新氢进料控制阀 TIC105。

关闭新氢进料控制阀 TIC106。

⑦ 外操工 A 执行紧急停车应急预案：

关闭原料油进料控制阀 FIC101 进口阀。

关闭原料油进料控制阀 FIC101 出口阀。

现场关闭加热炉温控阀 TIC101 进口阀。

现场关闭加热炉温控阀 TIC101 出口阀。

现场关闭加热炉温控阀 TIC102 进口阀。

现场关闭加热炉温控阀 TIC102 出口阀。

⑧ 主操向班长报告:"原料进料已中断,系统正在泄压,压力降到 0.7MPa 以下。"

⑨ 外操工向班长报告:"已关闭原料油进料阀。"

⑩ 环境监测小组到达现场,对事故周围现场进行环境监测。经现场环境监测合格后,通知班长"经监测现场环境合格,可以解除安全警报"。

⑪ 班长通知外操工 A 关闭警报,并使用广播《解除事故应急预案》。

5.6　实训结果与结论要求

(1) 是否记录每步实验结果:☑是　□否

(2) 实验结果与结论要求:☑实验报告　□心得体会　□其他

(3) 其他描述

① 能够多人协作在规定时间内完成原料油增压泵泄漏着火、高压换热器 E-101 管束原料油泄漏、加氢反应器 R101 入口管线焊缝破裂着火等事故的紧急处理,包含:紧急停车、伤员救治、警戒线设立、现场火势熄灭和现场环境恢复到正常。

② 能够掌握现场操作及内操操作方法。

③ 深入了解加氢反应控制系统的动态特性。

(4) 评分细则(表 5-4、表 5-5、表 5-6)

① 了解所用仪表的工作原理及其正确使用方法,熟悉加氢反应系统参数的工艺正常范围。

② 将实验前根据操作原理和控制系统原理提出的操作方案具体化,进一步加深对液位控制、流量控制的基本方法的理解,以及对换热、精馏等单元操作原理的认识;理解简单控制系统的原理、串级控制的原理及其优势、简单控制系统和复杂控制系统的滞后特性。

③ 通过对各个设备之间的物质和热量交换分析,理解工艺流程,将各个工艺参数调节到指定范围并保持稳定。

④ 根据工艺数据判断工艺状况,找出有故障的仪表或设备,分析故障原因及排除方法,培养学生分析问题和解决问题的能力。

⑤ 通过虚拟仿真教学掌握加氢反应系统中原料油增压泵泄漏着火事故、加氢反应器入口管线焊缝破裂着火事故和高压换热器管束泄漏事故应急演练的具体操作步骤,考核学生应急处理事故的能力。

表 5-4　原料油增压泵泄漏着火事故评分细则

ID	描述	组态分	实际分	不得分原因
F1	报警灭火			
T1	按下事故现场警报按钮	3		
T2	立即通过对讲机向当班班长汇报	5		
T3	班长命令外操工 A 立即将受伤人员转移至安全地方	5		

续表

ID	描述	组态分	实际分	不得分原因
F2	紧急停车			
T1	打开 2.1MPa/min 紧急泄压按钮进行泄压(DCS 画面操作)	5		
T2	关闭原料油进料控制阀 FIC101(DCS 画面操作)	2		
T3	停原料油增压泵 P101,切断原料油进料(DCS 画面操作)	2		
T4	停反应进料泵 P102(DCS 画面操作)	1		
T5	关闭原料油进料控制阀 FIC101 进口阀	1		
T6	关闭原料油进料控制阀 FIC101 出口阀	1		
T7	关闭加热炉温控阀 TIC101(DCS 画面操作)	2		
T8	现场关闭温控阀 TIC101 进口阀	2		
T9	现场关闭温控阀 TIC101 出口阀	2		
T10	关闭加热炉温控阀 TIC102(DCS 画面操作)	1		
T11	现场关闭温控阀 TIC102 进口阀	1		
T12	现场关闭温控阀 TIC102 出口阀	1		
T13	关闭新氢进料控制阀 TIC103(DCS 画面操作)	2		
T14	关闭新氢进料控制阀 TIC104(DCS 画面操作)	2		
T15	关闭新氢进料控制阀 TIC105(DCS 画面操作)	2		
T16	关闭新氢进料控制阀 TIC106(DCS 画面操作)	2		
F3	警戒救治伤员			
T1	班长命令安全科立即对事故现场设立警戒线	3		
T2	安全员引导救护车进入事故现场对受伤人员进行救助	3		
F4	消防灭火			
T1	班长命令外操工 A 打开事故点附近的消防水炮对装置进行降温灭火	3		
T2	安全科引导消防车进入事故现场,进行消防灭火	3		
F5	环境监测			
T1	监测组对事故周围现场进行环境监测	3		
F6	解除警报			
T1	关闭警报	1		
F7	扣分项			
T1	事故时,外操工 A 离火源距离较近受伤,扣分	−5		
T2	事故发生后,没有及时将伤员转移到安全地方,扣分	−10		

表 5-5　加氢反应器入口管线焊缝破裂着火事故评分细则

ID	描述	组态分	实际分	不得分原因
F1	报警灭火			
T1	按下事故现场警铃按钮,触发警报	3		
T2	立即通过对讲机向当班班长汇报	5		
F2	紧急停车			
T1	打开 2.1MPa/min 紧急泄压按钮进行泄压(DCS 画面操作)	5		
T2	关闭原料油进料控制阀 FIC101(DCS 画面操作)	2		
T3	停原料油增压泵 P101,切断原料油进料(DCS 画面操作)	2		
T4	停反应进料泵 P102(DCS 画面操作)	1		
T5	关闭原料油进料控制阀 FIC101 进口阀	1		
T6	关闭原料油进料控制阀 FIC101 出口阀	1		
T7	关闭加热炉温控阀 TIC101(DCS 画面操作)	2		
T8	现场关闭温控阀 TIC101 进口阀	2		
T9	现场关闭温控阀 TIC101 出口阀	2		
T10	关闭加热炉温控阀 TIC102(DCS 画面操作)	1		
T11	现场关闭温控阀 TIC102 进口阀	1		
T12	现场关闭温控阀 TIC102 出口阀	1		

ID	描述	组态分	实际分	不得分原因
F2	紧急停车			
T13	关闭新氢进料控制阀 TIC103(DCS 画面操作)	2		
T14	关闭新氢进料控制阀 TIC104(DCS 画面操作)	2		
T15	关闭新氢进料控制阀 TIC105(DCS 画面操作)	2		
T16	关闭新氢进料控制阀 TIC106(DCS 画面操作)	2		
F3	设立警戒			
T1	班长命令安全科立即对事故现场设立警戒线	3		
F4	消防灭火			
T1	班长命令外操工 A 打开事故点附近的消防水炮对装置进行降温灭火	3		
T2	安全科引导消防车进入事故现场,进行消防灭火	3		
F5	环境监测			
T1	明火消灭后,监测组对事故周围现场进行环境监测	3		
F6	扣分项			
T1	事故时,外操工 A 离火源距离较近受伤,扣分	-5		

表 5-6 高压换热器管束泄漏事故评分细则

ID	描述	组态分	实际分	不得分原因
F1	报警			
T1	按下事故现场警报按钮,触发警报	3		
T2	立即通过对讲机向当班班长汇报	5		
F2	紧急停车			
T1	打开 2.1MPa/min 紧急泄压按钮进行泄压(DCS 画面操作)	5		
T2	关闭原料油进料控制阀 FIC101(DCS 画面操作)	2		
T3	停原料油增压泵 P101,切断原料油进料(DCS 画面操作)	2		
T4	停反应进料泵 P102(DCS 画面操作)	1		
T5	关闭原料油进料控制阀 FIC101 进口阀	1		
T6	关闭原料油进料控制阀 FIC101 出口阀	1		
T7	关闭加热炉温控阀 TIC101(DCS 画面操作)	2		
T8	现场关闭温控阀 TIC101 进口阀	2		
T9	现场关闭温控阀 TIC101 出口阀	2		
T10	关闭加热炉温控阀 TIC102(DCS 画面操作)	1		
T11	现场关闭温控阀 TIC102 进口阀	1		
T12	现场关闭温控阀 TIC102 出口阀	1		
T13	关闭新氢进料控制阀 TIC103(DCS 画面操作)	2		
T14	关闭新氢进料控制阀 TIC104(DCS 画面操作)	2		
T15	关闭新氢进料控制阀 TIC105(DCS 画面操作)	2		
T16	关闭新氢进料控制阀 TIC106(DCS 画面操作)	2		
F3	设立警戒			
T1	班长命令安全科立即对事故现场设立警戒线	3		
F5	环境监测			
T1	监测组对事故周围现场进行环境监测	3		

第6章　苯胺半实物装置仿真实习

苯胺又称阿尼林、阿尼林油、氨基苯,无色油状液体。微溶于水,易溶于乙醇、乙醚等有机溶剂。苯胺是最重要的胺类物质之一,主要用于制造染料、药物、树脂,还可以用作橡胶硫化促进剂等,也可作为黑色染料使用,其衍生物甲基橙可作为酸碱滴定用的指示剂。

苯胺半实物装置以苯胺的实际生产装置为原型,按照一定比例缩小制作而成。生产选用硝基苯催化加氢法制苯胺,该法以苯为原料,采用混酸硝化法制备硝基苯,然后以氢气为还原剂,铜/硅、镍或铂/钯为催化剂,将硝基苯还原生成苯胺。胺化过程采用流化床气相加氢工艺,不需要溶剂,选择性较好,产品纯度较高。

本装置主要分为以下四个工段:硝基苯工段、苯胺工段、废水处理工段及废气处理工段。装置系统包括静设备、动设备、各种阀门、相关仪表及总控室,操作在仿真 DCS 上完成,部分现场阀在装置现场真实操作,这样软、硬件联合运行,从而实现对苯胺生产过程的模拟。

通过本装置的训练:

① 了解苯胺工厂的构成及不同岗位人员的工作内容。

② 掌握苯-硝基苯-苯胺生产工艺流程及工艺参数,了解生产的主要控制方法和控制手段。

③ 掌握苯胺生产操作规程,具备实际动手操作控制生产流程的技能。

④ 了解常见苯胺生产设备的结构,学习主要设备技术参数的控制与调节。

⑤ 培养发现和处理生产事故的能力。

⑥ 掌握不同岗位的岗位职责,通过内外操、安全员等角色,增强联合操作的能力,提高团队合作意识。

⑦ 通过安全应急演练,掌握各类紧急情况下的现场应急处置方法、报警、报告流程、疏散逃生等,提高安全防护意识与临危不乱的心理素质和应急处理能力。

6.1　硝基苯工段仿真实习

6.1.1　实习目的

硝基苯工段简介

① 掌握生产硝基苯的原理及工艺流程。

② 了解本工段硝化反应器、硫酸浓缩塔、苯回收塔、硝基苯精馏塔等主要设备的原理和结构。

③ 了解仪表的控制和使用。

④ 熟练掌握本工段的正常开车、正常停车的步骤和操作,学会切换反应器。

⑤ 学会分析事故发生的原因,并及时判断和处理,例如真空泵损坏、控制阀卡等;不能继续运行时,能够紧急停车。

⑥ 能够根据操作条件的变化及时调节工艺参数。

⑦ 掌握内操员、外操员等岗位职责；能够联合操作，提高团队合作能力。

6.1.2　生产原理

有机化合物分子中的氢原子或基团被硝基取代的反应称为硝化反应，该反应是最重要的向芳环引入硝基的方法。作为硝化反应的产物，硝基化合物在燃料、溶剂、炸药、香料、医药、农药和表面活性剂等化工领域有大量的应用实例。

硝基苯是重要的染料、医药中间体，主要用于生产苯胺。苯在浓硝酸和浓硫酸的混合酸作用下发生硝化反应，反应的结果是苯环上的氢原子被硝基取代，反应式如下：

$$\text{C}_6\text{H}_6 + HNO_3 \longrightarrow \text{C}_6\text{H}_5NO_2 + H_2O$$

硝化反应机理首先是硝基正离子的生成过程，硝酸在强酸（硫酸）的作用下，先被质子化，失水产生硝基正离子，然后硝基正离子与苯反应生成硝基苯。

$$HNO_3 + H^+ \longrightarrow NO_2^+ + H_2O$$

$$\text{C}_6\text{H}_6 + NO_2^+ \longrightarrow \left[\text{C}_6\text{H}_6\!-\!NO_2\right]^+ \xrightarrow{-OSO_3H} \text{C}_6\text{H}_5NO_2 + H_2SO_4$$

硝化反应是强放热反应，反应热为 14210 kJ/kmol，在反应的同时，混酸中的硫酸被反应生成的水稀释，还将产生稀释热（约为反应热的 7%～10%）。若反应温度持续升高，会引起副反应，硝酸大量分解，硝基酚类副产物增加，这些酚类副产物是造成硝基苯生产发生爆炸事故的主要原因，同时，硝化反应是非均相反应，反应是在酸层及酸层和有机层的交界面处发生，硝化速度由相间传质和化学动力学所控制，借助强力搅拌，非均相间保持最大界面，强化传质，才能保持反应平稳进行。所以，必须要控制反应温度适宜、搅拌效果良好，才能保证硝基苯生产的安全操作。此外，若不及时移除大量的反应热和稀释热，反应温度会上升，引起多硝化及氧化等副反应，同时还将造成硝酸分解，产生大量红棕色的二氧化氮气体，甚至发生严重事故。

6.1.3　工艺流程

硝基苯生产装置以苯和硝酸为原料，硫酸为催化剂，在一定条件下发生硝化反应。主要由硝化反应、硫酸回收、碱洗水洗、硝基苯精制等工序组成。

如图 6-1、图 6-2，酸性苯经计量进入静态混合器（M102A），混酸经混酸输送泵送到混合器（M101A）。废酸从废酸高位槽（V105）底部，经废酸冷却器 E102 冷却后，一部分经转子流量计连续进入混合器（M102A），与酸性苯混合后进入 1# 硝化反应器（R101A）；另一部分流入混合器（M101A），与混酸混合后进入 1# 硝化反应器（R101A）。酸性苯与混酸在 1# 硝化反应器中反应，反应物料依次溢至 2# 硝化反应器（R102）、3# 硝化反应器（R103）、4# 硝化反应器（R104）继续反应。4# 硝化反应器（R104）的反应物料进入硝化分离器（V104）中部，分离后上层酸性硝基苯经泵（P101A/B）送至碱洗反应器（R106），下层废酸经废酸泵（P102A/B）送往废酸高位槽（V105）。

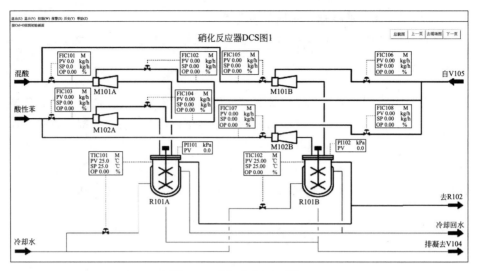

图 6-1　硝化反应 DCS 图 1

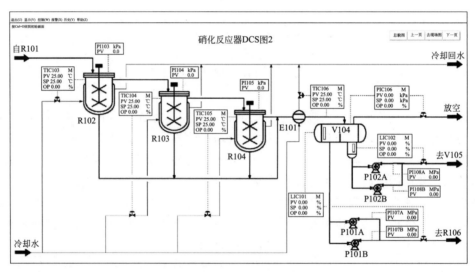

图 6-2　硝化反应 DCS 图 2

如图 6-3 至图 6-8，新鲜苯进料与废酸高位槽（V105）中的废酸在酸性苯混合器（R105）中混合，自流至酸性苯分离罐（V106）中，酸性苯由中部抽出，由酸性苯泵（P103A/B）输送至 1♯硝化反应器（R101A），废酸由底部抽出，由废酸泵（P104A/B）送到硫酸浓缩塔（T101）中将废酸分离回收。在硫酸浓缩塔（T101）底部得到浓缩酸，分离出的废水由塔顶采出，送至后续污水处理。

来自硝化分离器（V104）的酸性硝基苯与碱液罐（V101）中的碱液一起进入碱洗反应器（R106）。碱洗后的粗品硝基苯再经过两级水洗槽（R107、R108）后进入澄清罐（V111A/B），澄清后由脱苯塔进料泵（P110A/B）输送，经脱苯塔预热器（E106）加热后进入脱苯塔（T102），塔顶得到含苯废水，在脱苯塔回流罐（V112）中静置分层，下层废水输送至污水处理装置，上层苯液一部分回流至塔内，另一部分送至废苯储罐（V114A/B）。塔顶真空缓冲罐（V113）中的废气送往废气处理装置。塔底的脱苯硝基苯进入缓冲罐（V115A/B），由硝基苯精馏塔进料泵（P114A/B）输送至硝基苯精馏塔（T103），塔底得到重组分，定期排至焦油罐（V119），塔顶得到精制硝基苯，输送至罐区或下游苯胺装置。

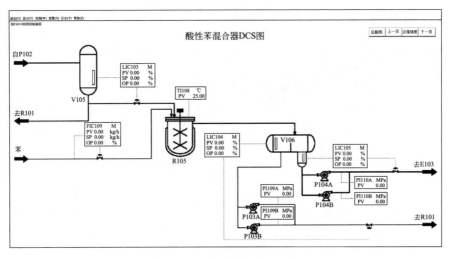

图 6-3　酸性苯混合器 DCS 图

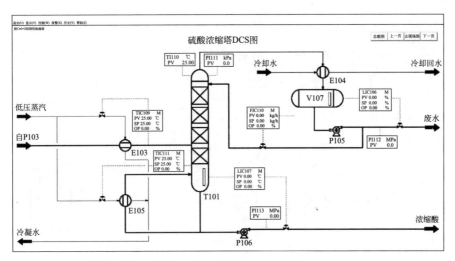

图 6-4　硫酸浓缩塔 DCS 图

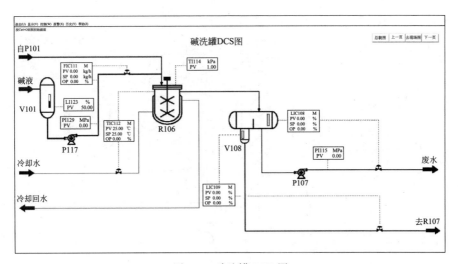

图 6-5　碱洗罐 DCS 图

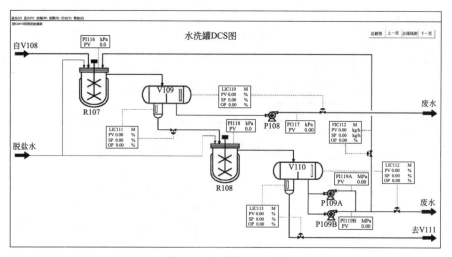

图 6-6　水洗罐 DCS 图

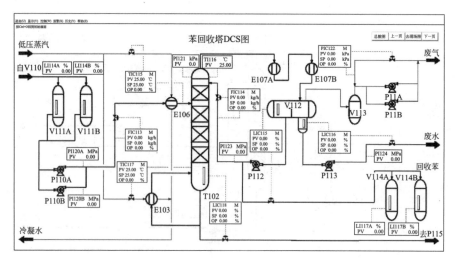

图 6-7　苯回收塔 DCS 图

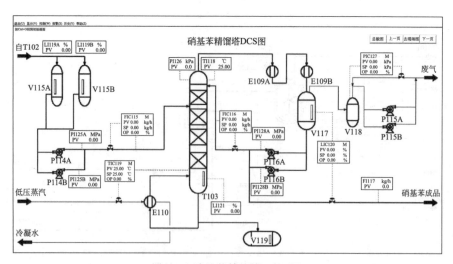

图 6-8　硝基苯精馏塔 DCS 图

6.1.4　实物装置

硝基苯工段的主要设备、仪表及阀门参见表 6-1、表 6-2 和表 6-3。

6.1.4.1　主要设备

表 6-1　硝基苯工段主要设备

位号	名称	位号	名称
R101A/B	1♯硝化反应器 A/B	V110	水洗分离罐
R102	2♯硝化反应器	V111	澄清罐
R103	3♯硝化反应器	V112	脱苯塔回流罐
R104	4♯硝化反应器	V113	脱苯塔真空缓冲罐
R105	酸性苯混合器	V114A/B	废苯储罐
R106	碱洗反应器	V115	澄清罐
R107	水洗槽	V117	硝基苯精馏塔回流罐
R108	水洗槽	V118	硝基苯精馏塔真空缓冲罐
T101	硫酸浓缩塔	V119	焦油罐
T102	脱苯塔	P101A/B	粗硝基苯泵
T103	硝基苯精馏塔	P102A/B	废酸泵
E101	反应冷却器	P103A/B	酸性苯泵
E102	废酸冷却器	P104A/B	废酸泵
E103	硫酸浓缩塔进料加热器	P105A/B	硫酸浓缩塔回流泵
E104	硫酸浓缩塔冷凝器	P106A/B	浓缩酸泵
E105	硫酸浓缩塔再沸器	P107A/B	废水泵
E106	脱苯塔进料加热器	P108A/B	废水泵
E107A/B	脱苯塔冷凝器	P109A/B	循环废水泵
E108	脱苯塔再沸器	P110A/B	脱苯塔进料泵
E109A/B	硝基苯精馏塔冷凝器	P111A/B	真空泵
E110	硝基苯精馏塔再沸器	P112A/B	脱苯塔回流泵
V101	碱液储罐	P113A/B	废水泵
V104	硝化分离器	P114A/B	精馏塔进料泵
V105	废酸高位槽	P115A/B	真空泵
V106	酸性苯分离器	P116A/B	精馏塔回流泵
V107	硫酸浓缩塔回流罐	P117A/B	碱液泵
V108	碱洗分离罐	M101A/B	静态混合器
V109	水洗分离罐	M102A/B	静态混合器

6.1.4.2　主要仪表

表 6-2　硝基苯工段仪表

序号	仪表位号	名称	单位	量程	正常值
1	FIC101	混合酸进料流量 A	kg/h	0～20000	10500
2	FIC102	废酸回流流量 1A	kg/h	0～1000	600
3	FIC103	酸性苯流量 A	kg/h	0～10000	4050
4	FIC104	废酸回流流量 2A	kg/h	400～700	350
5	FIC105	混合酸进料流量 B	kg/h	400～700	10500
6	FIC106	废酸回流流量 1B	kg/h	0～10000	600
7	FIC107	酸性苯流量 B	kg/h	0～10000	4050
8	FIC108	废酸回流流量 2B	kg/h	0～700	350
9	FIC109	苯进料流量	kg/h	0～8000	4000

续表

序号	仪表位号	名称	单位	量程	正常值
10	FIC110	T101 顶回流流量	kg/h	0～12000	6000
11	FIC111	碱液流量	kg/h	0～6000	3000
12	FIC112	循环水流量	kg/h	2000	1000
13	FIC113	T102 进料流量	kg/h	0～10000	5500
14	FIC114	T102 顶回流流量	kg/h	0～4000	2000
15	FIC115	T103 进料流量	kg/h	0～10000	5300
16	FIC116	T103 顶回流流量	kg/h	0～5000	2500
17	FI117	硝基苯产品流量	kg/h	0～10000	5200
18	TIC101	R101A 温度控制	℃	0～200	65
19	TIC102	R101B 温度控制	℃	0～200	60
20	TIC103	R102 温度控制	℃	0～200	60
21	TIC104	R103 温度控制	℃	0～200	60
22	TIC105	R104 温度控制	℃	0～200	60
23	TIC106	E101 出口温度控制	℃	0～200	50
24	TIC107	E102 出口温度控制	℃	0～200	40
25	TI108	R105 温度显示	℃	0～200	50
26	TIC109	E103 出口温度控制	℃	0～200	80
27	TI110	T101 塔顶温度显示	℃	0～200	100
28	TIC111	T101 塔底温度控制	℃	0～200	110
29	TIC112	R106 温度控制	℃	0～200	50
30	TI114	R108 温度显示	℃	0～200	40
31	TIC115	T102 进料温度控制	℃	0～200	60
32	TI116	T102 塔顶温度显示	℃	0～200	80
33	TIC117	T102 塔底温度控制	℃	0～200	90
34	TI118	T103 塔顶温度显示	℃	0～200	100
35	TIC119	T103 塔底温度控制	℃	0～200	110
36	LIC101	V104 液位控制	%	0～100	50
37	LIC102	V104 酸苯界位控制	%	0～100	50
38	LIC103	V105 液位控制	%	0～100	50
39	LIC104	V106 液位控制	%	0～100	50
40	LIC105	V106 酸苯界位控制	%	0～100	50
41	LIC106	V107 液位控制	%	0～100	50
42	LIC107	T101 液位控制	%	0～100	50
43	LIC108	V108 液位控制	%	0～100	50
44	LIC109	V108 水-硝基苯界位控制	%	0～100	50
45	LIC110	V109 液位控制	%	0～100	50
46	LIC111	V109 水-硝基苯界位控制	%	0～100	50
47	LIC112	V110 液位控制	%	0～100	50
48	LIC113	V110 水-硝基苯界位控制	%	0～100	50
49	LI114A	V111A 液位显示	%	0～100	50
50	LI114B	V111B 液位显示	%	0～100	50
51	LIC115	V112 液位控制	%	0～100	50
52	LIC116	V112 水-苯界位控制	%	0～100	50
53	LI117A	V114A 液位显示	%	0～100	50
54	LI117B	V114B 液位显示	%	0～100	50
55	LIC118	T102 液位控制	%	0～100	50

续表

序号	仪表位号	名称	单位	量程	正常值
56	LI119A	V-115A 液位显示	%	0～100	50
57	LI119B	V-115B 液位显示	%	0～100	50
58	LIC120	V117 液位控制	%	0～100	50
59	LIC121	T103 液位控制	%	0～100	50
60	LI122	V-118 液位显示	%	0～100	50
61	PI101	R101A 压力显示	kPa	0～100	30
62	PI102	R101B 压力显示	kPa	0～100	30
63	PI103	R102 压力显示	kPa	0～100	25
64	PI104	R103 压力显示	kPa	0～100	20
65	PI105	R104 压力显示	kPa	0～100	15
66	PIC106	V104 压力控制	kPa	0～100	10
67	PI107A	P101A 出口压力显示	MPa	0～1	0.4
68	PI107B	P101B 出口压力显示	MPa	0～1	0.4
69	PI108A	P102A 出口压力显示	MPa	0～1	0.4
70	PI108B	P102B 出口压力显示	MPa	0～1	0.4
71	PI109A	P103A 出口压力显示	MPa	0～1	0.4
72	PI109B	P103B 出口压力显示	MPa	0～1	0.4
73	PI110A	P104A 出口压力显示	MPa	0～1	0.4
74	PI110B	P104B 出口压力显示	MPa	0～1	0.4
75	PI111	T101 塔顶压力显示	kPa	0～20	5
76	PI112	P105 出口压力显示	MPa	0～1	0.4
77	PI113	P106 出口压力显示	MPa	0～1	0.4
78	PI114	R106 压力显示	kPa	0～20	5
79	PI115	P107 出口压力显示	MPa	0～1	0.4
80	PI116	R107 压力显示	kPa	0～20	5
81	PI117	P108 出口压力显示	MPa	0～1	0.4
82	PI118	R108 压力显示	MPa	0～20	5
83	PI119A	P109A 出口压力显示	MPa	0～1	0.4
84	PI119B	P109B 出口压力显示	MPa	0～1	0.4
85	PI120A	P110A 出口压力显示	MPa	0～1	0.4
86	PI120B	P110B 出口压力显示	MPa	0～1	0.4
87	PI121	T102 塔顶压力显示	kPa	−100～100	−30
88	PIC122	V113 压力控制	kPa	−100～100	−30
89	PI123	P112 出口压力显示	MPa	0～1	0.4
90	PI124	P113 出口压力显示	MPa	0～1	0.4
91	PI125A	P114A 出口压力显示	MPa	0～1	0.4
92	PI125B	P114B 出口压力显示	MPa	0～1	0.4
93	PI126	T103 塔顶压力显示	MPa	−100～100	−70
94	PIC127	V122 压力控制	kPa	−100～100	−70
95	PI128A	P116A 出口压力显示	MPa	0～1	0.4
96	PI128B	P116B 出口压力显示	MPa	0～1	0.4

6.1.4.3 阀门

表 6-3 硝基苯工段阀门

位号	阀门名称	位号	阀门名称
FV101I	FV101 前阀	LV108O	LV108 后阀
FV101O	FV101 后阀	LV108B	LV108 副线阀

续表

位号	阀门名称	位号	阀门名称
FV101B	FV101 副线阀	LV109I	LV109 前阀
FV102I	FV102 前阀	LV109O	LV109 后阀
FV102O	FV102 后阀	LV109B	LV109 副线阀
FV102B	FV102 副线阀	V01R106	R106 放净阀
FV103I	FV103 前阀	LV110I	LV110 前阀
FV103O	FV103 后阀	LV110O	LV110 后阀
FV103B	FV103 副线阀	LV110B	LV110 副线阀
FV104I	FV104 前阀	LV111I	LV111 前阀
FV104O	FV104 后阀	LV111O	LV111 后阀
FV104B	FV104 副线阀	LV111B	LV111 副线阀
FV105I	FV105 前阀	LV112I	LV112 前阀
FV105O	FV105 后阀	LV112O	LV112 后阀
FV105B	FV105 副线阀	LV112B	LV112 副线阀
FV106I	FV106 前阀	LV113I	LV113 前阀
FV106O	FV106 后阀	LV113O	LV113 后阀
FV106B	FV106 副线阀	LV113B	LV113 副线阀
FV107I	FV107 前阀	FV112I	FV112 前阀
FV107O	FV107 后阀	FV112O	FV112 后阀
FV107B	FV107 副线阀	FV112B	FV112 副线阀
FV108I	FV108 前阀	V01R107	R107 冷却水阀
FV108O	FV108 后阀	V02R107	R107 放净阀
FV108B	FV108 副线阀	V01R108	R108 冷却水阀
TV101I	TV101 前阀	V02R108	R108 放净阀
TV101O	TV101 后阀	V01P108	P108 进口阀
TV101B	TV101 副线阀	V02P108	P108C 出口阀
TV102I	TV102 前阀	V01P109	P109 进口阀
TV102O	TV102 后阀	V02P109	P109 出口阀
TV102B	TV102 副线阀	V01P110A	P110A 进口阀
V01R101A	R101A 放净阀	V02P110A	P110A 出口阀
V01R101B	R101B 放净阀	V01P110B	P110B 进口阀
V01R102	R102 放净阀	V02P110B	P110B 出口阀
V01R103	R103 放净阀	V01P111A	P111A 进口阀
V01R104	R104 放净阀	V02P111A	P111A 出口阀
TV103I	TV103 前阀	V03P111A	P111A 供水阀
TV103O	TV103 后阀	V01P111B	P111B 进口阀
TV103B	TV103 副线阀	V02P111B	P111B 出口阀
TV104I	TV104 前阀	V03P111B	P111B 供水阀
TV104O	TV104 后阀	V01P112	P112 进口阀
TV104B	TV104 副线阀	V02P112	P112 出口阀
TV105I	TV105 前阀	V01P113	P113 进口阀
TV105O	TV105 后阀	V02P113	P113 出口阀
TV105B	TV105 副线阀	FV113I	FV113 前阀
TV106I	TV106 前阀	FV113O	FV113 后阀
TV106O	TV106 后阀	FV113B	FV113 副线阀
TV106B	TV106 副线阀	TV115I	TV115 前阀
PV106I	PV106 前阀	TV115O	TV115 后阀
PV106O	PV106 后阀	TV115B	TV115 副线阀
PV106B	PV106 副线阀	TV117I	TV117 前阀

续表

位号	阀门名称	位号	阀门名称
LV101I	LV101 前阀	TV117O	TV117 后阀
LV101O	LV101 后阀	TV117B	TV117 副线阀
LV101B	LV101 副线阀	FV114I	FV114 前阀
LV102I	LV102 前阀	FV114O	FV114 后阀
LV102O	LV102 后阀	FV114B	FV114 副线阀
LV102B	LV102 副线阀	LV115I	LV115 前阀
V01P101A	P101A 进口阀	LV115O	LV115 后阀
V02P101A	P101A 出口阀	LV115B	LV115 副线阀
V01P101B	P101B 进口阀	LV116I	LV116 前阀
V02P101B	P101B 出口阀	LV116O	LV116 后阀
V01P102A	P102A 进口阀	LV116B	LV116 副线阀
V02P102A	P102A 出口阀	LV118I	LV118 前阀
V01P102B	P102B 进口阀	LV118O	LV118 后阀
V02P102B	P102B 出口阀	LV118B	LV118 副线阀
V01P103A	P103A 进口阀	PV122I	PV122 前阀
V02P103A	P103A 出口阀	PV122O	PV122 后阀
V01P103B	P103B 进口阀	PV122B	PV122 副线阀
V02P103B	P103B 出口阀	V01V111A	V111A 进口阀
V01P104A	P104A 进口阀	V01V111B	V111B 进口阀
V02P104A	P104A 出口阀	V02V111A	V111A 出口阀
V01P104B	P104B 进口阀	V02V111B	V111B 出口阀
V02P104B	P104B 出口阀	V03V111A	V111A 排液阀
LV103I	LV103 前阀	V03V111B	V111B 排液阀
LV103O	LV103 后阀	V01E107A	E107A 冷却水阀
LV103B	LV103 副线阀	V01E107B	E107B 冷却水阀
LV104I	LV104 前阀	V01V114A	V114A 进口阀
LV104O	LV104 后阀	V01V114B	V114B 进口阀
LV104B	LV104 副线阀	V02V114A	V114A 排液阀
LV105I	LV105 前阀	V02V114B	V114B 排液阀
LV105O	LV105 后阀	V01V115A	V115A 进口阀
LV105B	LV105 副线阀	V01V115B	V115B 进口阀
V01R105	R105 放净阀	V02V115A	V115A 出口阀
FV109I	FV109 前阀	V02V115B	V115B 出口阀
FV109O	FV109 后阀	V03V115A	V115A 排液阀
FV109B	FV109 副线阀	V03V115B	V115B 排液阀
FV110I	FV110 前阀	V01E109A	E109A 冷却水阀
FV110O	FV110 后阀	V01E109B	E109B 冷却水阀
FV110B	FV110 副线阀	V01V118	V118 进口阀
TV109I	TV109 前阀	V01T103	T103 排液阀
TV109O	TV109 后阀	V01P114A	P114A 进口阀
TV109B	TV109 副线阀	V02P114A	P114A 出口阀
TV110I	TV110 前阀	V01P114B	P114B 进口阀
TV110O	TV110 后阀	V02P114B	P114B 出口阀
TV110B	TV110 副线阀	V01P115A	P115A 进口阀
LV106I	LV106 前阀	V02P115A	P115A 出口阀
LV106O	LV106 后阀	V03P115A	P115A 供水阀
LV106B	LV106 副线阀	V01P115B	P115B 进口阀
LV107I	LV107 前阀	V02P115B	P115B 出口阀

续表

位号	阀门名称	位号	阀门名称
LV107O	LV107 后阀	V03P115B	P115B 供水阀
LV107B	LV107 副线阀	V01P112	P112 进口阀
V01P105	P105 进口阀	V02P112	P112 出口阀
V02P105	P105 出口阀	V01P113	P113 进口阀
V01P106	P106 进口阀	V02P113	P113 出口阀
V02P106	P106 出口阀	FV115I	PV115 前阀
V01E104	E104 进口阀	FV115O	PV115 后阀
V01P107	P107 进口阀	FV115B	PV115 副线阀
V02P107	P107 出口阀	TV119I	TV119 前阀
V01P117	P117 进口阀	TV119O	TV119 后阀
V02P117	P117 出口阀	TV119B	TV119 副线阀
FV111I	FV111 前阀	FV116I	FV116 前阀
FV111O	FV111 后阀	FV116O	FV116 后阀
FV111B	FV111 副线阀	FV116B	FV116 副线阀
TV112I	TV112 前阀	LV120I	LV120 前阀
TV112O	TV112 后阀	LV120O	LV120 后阀
TV112B	TV112 副线阀	LV120B	LV120 副线阀
LV108I	LV108 前阀		

6.1.5 操作规程

实物装置实现无实体物料运行，通过服务器的实时通信软件，测控系统把采集到的开关阀门等操作的模拟电信号输送到计算机的仿真模型中，然后将仿真模型运行的结果转换成模拟电信号，并传送到现场装置的仪表实时显示。这样软、硬件联合运行，从而实现对苯胺生产过程的模拟。实习过程中，成员在各自的操作区域内相互配合共同完成任务。部分操作画面见图 6-9。

图 6-9　苯胺半实物装置部分操作画面

各工段实习操作包括基本项目和特定事故。硝基苯工段实习操作项目见表 6-4。

表 6-4　硝基苯工段项目

序号	项目名称	项目描述
1	正常开车	基本项目
2	正常停车	基本项目
3	紧急停车	基本项目
4	切换反应器	基本项目
5	真空泵坏	特定事故
6	控制阀卡	特定事故

6.1.5.1　正常开车

（1）投料

① 打开苯进料控制阀的前阀 FV109I；

② 打开苯进料控制阀的后阀 FV109O；

③ 打开苯进料控制阀 FV109，向 R-105 进原料苯；

④ 待 V106 中液位大于 5％后，将 FIC109 投自动，将苯进装置流量控制在 5000kg/h；

⑤ 打开 P103A 进口阀 V01P103A；

⑥ 启动 P103A；

⑦ 打开 P103A 出口阀 V02P103A；

⑧ 打开 V106 液位控制阀的前阀 LV104I；

⑨ 打开 V106 液位控制阀的后阀 LV104O；

⑩ V106 液位大于 20％后，将 LV104 开度调至约 50％；

⑪ 打开酸性苯流量控制阀的前阀 FV103I；

⑫ 打开酸性苯流量控制阀的后阀 FV103O；

⑫ 打开 FV103，将酸性苯流量控制在约 2000kg/h；

⑭ 打开混合酸进装置流量控制阀的前阀 FV101I；

⑮ 打开混合酸进装置流量控制阀的后阀 FV101O；

⑯ 打开 FV101，将混合酸流量控制在约 5000kg/h；

⑰ R101A 满后（压力 PI101 大于 2kPa），启动反应釜搅拌器；

⑱ R102 满后，启动反应釜搅拌器；

⑲ R103 满后，启动反应釜搅拌器；

⑳ R104 满后，启动反应釜搅拌器；

㉑ 打开 V104 压力控制阀的前阀 PV106I；

㉒ 打开 V104 压力控制阀的后阀 PV106O；

㉓ 调节 PIC106，使 V104 压力不大于 20kPa；

㉔ R101A 温度 TIC101 大于 50℃后，打开温度控制阀前后阀 TV101I、TV101O，通入冷却水降温；

㉕ R102 温度 TIC103 大于 50℃后，打开温度控制阀前后阀 TV103I、TV103O，通入冷却水降温；

㉖ R103 温度 TIC104 大于 50℃后，打开温度控制阀前后阀 TV104I、TV104O，通入冷却水降温；

㉗ R104 温度 TIC105 大于 50℃后，打开温度控制阀前后阀 TV105I、TV105O，通入冷却水降温；

㉘ 打开 E101 冷却水控制阀的前后阀，通入冷却水；

㉙ 将 TIC101 控制在约 65℃；

㉚ 将 TIC103 控制在约 65℃；

㉛ 将 TIC104 控制在约 65℃；

㉜ 将 TIC105 控制在约 65℃。

（2）硫酸分离

① V104 酸液位 LIC102 大于 20％后，打开 P102A 进口阀 V01P102A；

② 启动 P102A；

③ 打开 P102A 出口阀 V02P102A；

④ 打开 LV102 前阀 LV102I；

⑤ 打开 LV102 后阀 LV102O；

⑥ 将 LIC102 控制在 50％；

⑦ V105 液位超过 20％后，打开液位控制阀的前阀 LV103I；

⑧ 打开液位控制阀的后阀 LV103O；

⑨ 将 LIC103 控制在 50％；

⑩ 启动 R105 搅拌器；

⑪ V106 酸液位 LIC105 大于 20％后，打开 P104A 进口阀 V01P104A；

⑫ 启动 P104A；

⑬ 打开 P104A 出口阀 V02P104A；

⑭ 将 LIC105 控制在 50％；

⑮ 打开 E103 蒸汽进口控制阀的前阀 TV109I；

⑯ 打开 E103 蒸汽进口控制阀的后阀 TV109O；

⑰ 将 TIC109 控制在 80℃；

⑱ 打开 E104 冷却水进口阀 V01E104；

⑲ 打开 E105 蒸汽进口控制阀的前阀 TV111I；

⑳ 打开 E105 蒸汽进口控制阀的后阀 TV111O；

㉑ 将 TIC111 控制在 120℃；

㉒ V107 液位大于 10％后，打开 P105 进口阀 V01P105；

㉓ 启动 P105；

㉔ 打开 P105 出口阀 V02P105；

㉕ 打开回流控制阀的前阀 FV110I；

㉖ 打开回流控制阀的后阀 FV110O；

㉗ 通过回流将 T101 塔顶温度控制 102℃；

㉘ 打开 V107 液位控制阀的前阀 LV106I；

㉙ 打开 V107 液位控制阀的后阀 LV106O；

㉚ 将 LIC106 控制在 50％；

㉛ T101 液位大于 20％后，打开 P106 进口阀 V01P106；

㉜ 启动 P106；

㉝ 打开 P106 出口阀 V02P106；

㉞ 打开 T101 液位控制阀的前阀 LV107I；

㉟ 打开 T101 液位控制阀的后阀 LV107O；

㊱ 将 LIC107 控制在 50％；

㊲ 打开废酸回流控制阀的前阀 FV102I；

㊳ 打开废酸回流控制阀的后阀 FV102O；

㊴ 将 FIC102 的流量控制在约 650kg/h；

㊵ 打开废酸回流控制阀的前阀 FV104I；

㊶ 打开废酸回流控制阀的前阀 FV104O；

㊷ 将 FIC104 的流量控制在约 300kg/h；

㊸ 将酸性苯进反应器流量逐渐调至约 4140kg/h；

㊹ 将混合酸进反应器流量逐渐调至约 10500kg/h。

（3）碱洗水洗

① V104 硝基苯液位 LIC101 大于 20％后，打开 P101A 进口阀 V01P101A；

② 启动 P101A；

③ 打开 P101A 出口阀 V02P101A；

④ 打开液位控制阀的前阀 LV101I；

⑤ 打开液位控制阀的后阀 LV101O；

⑥ 将 LIC104 控制在 50％；

⑦ 打开碱液泵进口阀 V01P117；

⑧ 启动 P117；

⑨ 打开碱液泵出口阀 V02P117；

⑩ 打开碱液流量控制阀的前阀 FV111I；

⑪ 打开碱液流量控制阀的后阀 FV111O；

⑫ 将碱液流量 FIC111 控制在 2500kg/h；

⑬ 启动 R106 搅拌器；

⑭ V108 水位 LIC108 上升到 20％后，打开 P107 进口阀 V01P107；

⑮ 启动 P107；

⑯ 打开 P107 出口阀 V01P107；

⑰ 打开液位控制阀的前阀 LV108I；

⑱ 打开液位控制阀的后阀 LV108O；

⑲ 将 LIC108 控制在 50％；

⑳ 当 V108 硝基苯液位 LIC109 上升到 20％后，打开液位控制阀的前阀 LV109I；

㉑ 打开液位控制阀的后阀 LV109O；

㉒ 将 LIC109 控制在 50％；

㉓ 打开 R107 脱盐水进口阀门 V01R107；

㉔ 启动 R107 搅拌器；

㉕ 当 V109 硝基苯液位 LIC111 上升到 20％后，打开液位控制阀的前阀 LV111I；

㉖ 打开液位控制阀的后阀 LV111O；

㉗ 将 LIC111 控制在 50％；

㉘ 打开 R108 脱盐水进口阀门 V01R108；

㉙ 启动 R108 搅拌器；

㉚ 当 V109 水位 LIC110 上升到 20％后，打开 P108 进口阀 V01P108；

㉛ 启动 P108；

㉜ 打开 P108 出口阀 V02P108；

㉝ 打开液位控制阀的前阀 LV110I；

㉞ 打开液位控制阀的后阀 LV110O；

㉟ 将 LIC110 控制在 50％；

㊱ 当 V110 水位 LIC112 上升到 20％后，打开 P109A 进口阀 V01P109A；

㊲ 启动 P109A；

㊳ 打开 P109A 出口阀 V02P109A；

㊴ 打开流量控制阀的前阀 FV112I；

㊵ 打开流量控制阀的后阀 FV112O；

㊶ 将 FIC112 控制在 1000kg/h；

㊷ 打开液位控制阀的前阀 LV112I；

㊸ 打开液位控制阀的后阀 LV112O；

㊹ 将 LIC112 控制在 50％；

㊺ 当 V110 硝基苯液位 LIC113 上升到 20％后，打开液位控制阀的前阀 LV113I；

㊻ 打开液位控制阀的后阀 LV113O；

㊼ 将 LIC113 控制在 50％；

㊽ 打开 V114A 进口阀 V01V114A。

（4）苯回收

① V111 硝基苯液位 LIC101 大于 20％后，打开 P110A 进口阀 V01P110A；

② 启动 P110A；

③ 打开 P110A 出口阀 V02P110A；

④ 打开流量控制阀的前阀 FV113I；

⑤ 打开流量控制阀的后阀 FV113O；

⑥ 根据 V111 的液位调节进塔流量 FIC113；

⑦ 打开 E106 蒸汽控制阀的前阀 TV115I；

⑧ 打开 E106 蒸汽控制阀的后阀 TV115O；

⑨ 缓慢调节控制阀，将进塔温度 TIC115 控制在约 80℃；

⑩ T102 塔底液位高于 20％后，打开再沸器蒸汽进口阀的前阀 TV117I；

⑪ 打开再沸器蒸汽进口阀的后阀 TV117O；

⑫ 缓慢调节控制阀，将塔底温度 TIC117 控制在约 98℃；

⑬ 打开 E107A 的冷却水阀门 V01E107A；

⑭ 打开 E107B 的冷却水阀门 V01E107B；

⑮ V112 液位 LIC115 高于 20％后，打开回流泵进口阀 V01P112；

⑯ 启动 P112；

⑰ 打开回流泵出口阀 V02P112；

⑱ 打开回流控制阀的前阀 FV114I；

⑲ 打开回流控制阀的后阀 FV114O；

⑳ 将顶回流 FIC114 控制在 750kg/h；

㉑ 打开液位控制阀的前阀 LV115I；

㉒ 打开液位控制阀的后阀 LV115O；

㉓ 将 V112 的液位 LIC115 控制在 50％；

㉔ V112 水位 LIC116 高于 20％后，打开废水泵进口阀 V01P113；

㉕ 启动 P113；

㉖ 打开废水泵出口阀 V02P113；

㉗ 打开水位控制阀的前阀 LV116I；

㉘ 打开水位控制阀的后阀 LV116O；

㉙ 将 V112 的水位 LIC116 控制在 50％；

㉚ 打开 T102 塔底液位控制阀的前阀 LV118I；

㉛ 打开 T102 塔底液位控制阀的后阀 LV118O；

㉜ 将 LIC118 控制在 50％；

㉝ 打开 V115A 的进口阀 V01V115A；

㉞ 打开压力控制阀前阀 PV122I；

㉟ 打开压力控制阀后阀 PV122O；

㊱ 全开压力控制阀 PV127；

㊲ 打开真空泵出口阀 V02P111A；

㊳ 打开 P111A 的供水阀 V03P111A；

㊴ 启动真空泵 P111A；

㊵ 打开真空泵进口阀 V01P111A；

㊶ 调节压力控制阀，将 PIC122 控制在约-30kPa；

㊷ 将 T103 塔顶温度 TI116 控制在约 65℃。

（5）硝基苯精制

① V115A 的液位超过 20％后，打开 P-114A 进口阀 V01P114A；

② 启动 P114A；

③ 打开 P114A 出口阀 V02P114A；

④ 打开流量控制阀的前阀 FV115I；

⑤ 打开流量控制阀的后阀 FV115O；

⑥ 根据 V115 的液位调节进塔流量 FIC115；

⑦ T103 塔底液位高于 20％后，打开再沸器蒸汽进口阀的前阀 TV119I；

⑧ 打开再沸器蒸汽进口阀的后阀 TV119O；

⑨ 缓慢调节控制阀，将塔底温度 TIC119 控制在约 185℃；

⑩ 打开 E109A 的冷却水阀门 V01E109A；

⑪ 打开 E109B 的冷却水阀门 V01E109B；

⑫ V117 液位 LIC120 高于 20％后，打开回流泵 P116A 进口阀 V01P116A；

⑬ 启动 P116A；

⑭ 打开回流泵出口阀 V02P116A；

⑮ 打开回流控制阀的前阀 FV116I；

⑯ 打开回流控制阀的后阀 FV116O；

⑰ 将顶回流 FIC116 控制在 2500kg/h；

⑱ 打开液位控制阀的前阀 LV120I；

⑲ 打开液位控制阀的后阀 LV120O；

⑳ T103 液位大于 20％后，打开排液阀 V01T103；

㉑ 打开压力控制阀前阀 PV127I；

㉒ 打开压力控制阀后阀 PV127O；

㉓ 全开压力控制阀 PV127；

㉔ 打开真空泵 P115A 出口阀 V02P115A；

㉕ 打开 P115A 的供水阀 V03P115A；

㉖ 启动真空泵 P115A；

㉗ 打开真空泵 P115A 进口阀 V01P115A；

㉘ 调节压力控制阀，将 PIC127 控制在约－90kPa；

㉙ 将 T103 塔顶温度控制在约 150℃

6.1.5.2　正常停车

（1）停反应器

① 将混合阀进料控制阀 FIC101 改为手动全关；

② 将废酸回流控制阀 FIC102 改为手动全关；

③ 将废酸回流控制阀 FIC104 改为手动全关；

④ 将酸性苯控制阀 FIC103 改为手动全关；

⑤ 关闭 R101A 搅拌器；

⑥ 关闭 R102 搅拌器；

⑦ 关闭 R103 搅拌器；

⑧ 关闭 R104 搅拌器；

⑨ 将 V104 硝基苯液位控制阀 LIC101 改为手动全开；

⑩ 将 V104 混合酸液位控制阀 LIC102 改为手动全开；

⑪ 打开 R101A 底部卸料阀 V01R101A；

⑫ 打开 R102 底部卸料阀 V01R102；

⑬ 打开 R103 底部卸料阀 V01R103；

⑭ 打开 R104 底部卸料阀 V01R104；

⑮ LIC101 液位降至 0 后，将控制阀 LIC101 改为手动全关；

⑯ 关闭 P101A 出口阀 V02P101A；

⑰ 停 P101A；

⑱ 关闭 P101A 进口阀 V01P101A；

⑲ LIC102 液位降至 0 后，将控制阀 LIC102 改为手动全关；

⑳ 关闭 P102A 出口阀 V02P102A；

㉑ 停 P102A；

㉒ 关闭 P102A 进口阀 V01P102A；

㉓ 停泵后将 PIC106 控制阀改为手动全关；

㉔ R101A 的温度 TIC101 降到 40℃以下后，将冷却水控制阀 TIC101 改为手动全关；

㉕ R102 的温度 TIC103 降到 40℃以下后，将冷却水控制阀 TIC103 改为手动全关；

㉖ R103 的温度 TIC104 降到 40℃以下后，将冷却水控制阀 TIC104 改为手动全关；

㉗ R104 的温度 TIC105 降到 40℃以下后，将冷却水控制阀 TIC105 改为手动全关。

（2）停硫酸浓缩塔

① 将新鲜苯进料控制阀 FIC109 改为手动全关；

② 将 V106 液位控制阀 LIC103 全开；

③ 关闭 R105 搅拌器；

④ 将 V106 硝基苯液位控制阀 LIC104 改为手动全开；

⑤ 将 V106 酸液位控制阀 LIC105 改为手动全开；

⑥ 将 E103 的蒸汽控制阀 TIC109 改为手动全关；

⑦ 将 E105 的蒸汽控制阀 TIC111 改为手动全关；

⑧ T101 塔顶温度 TI110 降至 35℃以下后，将回流控制阀 FIC110 改为手动全关；

⑨ 开大 V107 液位控制阀 LIC106；

⑩ V107 液位降至 0 后，关闭液位控制阀 LIC106；

⑪ 关闭 P105 出口阀 V02P105；

⑫ 停 P105；

⑬ 关闭 P105 进口阀 V01P105；

⑭ 关闭 E104 的冷却水进口阀 V01E104；

⑮ V106 的硝基苯液位 LIC104 液位降至 0 后，将控制阀 LIC104 改为手动全关；

⑯ 关闭 P109A 出口阀 V02P109A；

⑰ 停 P109A；

⑱ 关闭 P109A 进口阀 V01P109A；

⑲ V106 的酸液液位 LIC105 液位降至 0 后，将控制阀 LIC105 改为手动全关；

⑳ 关闭 P110A 出口阀 V02P110A；

㉑ 停 P110A；

㉒ 关闭 P110A 进口阀 V01P110A；

㉓ T101 塔底液位 LIC107 液位降至 0 后，将控制阀 LIC107 改为手动全关；

㉔ V106 的酸液液位 LIC105 液位降至 0 后，将控制阀 LIC105 改为手动全关；

㉕ 关闭 P106 出口阀 V02P106；

㉖ 停 P106；

㉗ 关闭 P106 进口阀 V01P106。

（3）停碱洗水洗

① 将碱液流量控制阀 FIC111 改为手动全关；

② 关闭碱液泵 P117 出口阀 V02P117；

③ 停 P117；

④ 关闭 P117 进口阀 V01P117；

⑤ 关闭 R106 搅拌器；

⑥ R106 反应釜内温度 TIC112 低于 40℃以后，关闭冷却水控制阀 TIC112；

⑦ 将 V108 水位控制阀 LIC108 全开；

⑧ 将 V108 硝基苯液位控制阀 LIC109 全开；

⑨ 打开 R106 底部放净阀 V01R106；

⑩ LIC108 降至 0 后，将控制阀 LIC108 全关；

⑪ 关闭 P107 出口阀 V02P107；

⑫ 停 P107；

⑬ 关闭 P107 进口阀 V01P107；

⑭ LIC109 降至 0 后，将控制阀 LIC109 全关；

⑮ 关闭循环水控制阀 FIC112；

⑯ 关闭 R107 脱盐水进口阀 V01R107；

⑰ 关闭 R108 脱盐水进口阀 V01R108；

⑱ 关闭 R107 搅拌器；

⑲ 关闭 R108 搅拌器；

⑳ 将 V109 水位控制阀 LIC110 全开；

㉑ 将 V109 硝基苯液位控制阀 LIC111 全开；

㉒ 打开 R107 底部放净阀 V01R107；

㉓ LIC110 降至 0 后，将控制阀 LIC110 全关；

㉔ 关闭 P108 出口阀 V02P108；

㉕ 停 P108；

㉖ 关闭 P108 进口阀 V01P108；

㉗ LIC111 降至 0 后，将控制阀 LIC111 全关；

㉘ 将 V110 水位控制阀 LIC112 全开；

㉙ 将 V110 硝基苯液位控制阀 LIC113 全开；

㉚ 打开 R108 底部放净阀 V01R108；

㉛ LIC112 降至 0 后，将控制阀 LIC112 全关；

㉜ 关闭 P109A 出口阀 V02P109A；

㉝ 停 P109A；

㉞ 关闭 P109A 进口阀 V01P109A；

㉟ LIC113 降至 0 后，将控制阀全关。

（4）停苯回收塔

① 关闭 V111A 进口阀 V01V111A；

② 将 E106 的蒸汽控制阀 TIC115 改为手动全关；

③ 将 E108 的蒸汽控制阀 TIC117 改为手动全关；

④ 停真空泵 P111A；

⑤ 关闭真空泵 P111A 出口阀 V02P111A；

⑥ 关闭真空泵 P111A 进口阀 V01P111A；

⑦ 关闭压力控制阀 PIC122；

⑧ V111A 液位降至 0 后，关闭 P110A 出口阀 V02P110A；

⑨ 停 P110A；

⑩ 关闭 P110A 进口阀 V01P110A；

⑪ 关闭 V111A 出口阀 V02V111A；

⑫ 打开 V111A 底部排液阀 V03V111A；

⑬ T102 塔顶温度 TI116 降至 35℃以下后，将回流控制阀 FIC114 改为手动全关；

⑭ 关闭 E107A 冷却水阀 V01E107A；

⑮ 关闭 E107B 冷却水阀 V01E107B；

⑯ V112 液位降至 0 后，关闭液位控制阀 LIC115；

⑰ 关闭 P112 出口阀 V02P112；

⑱ 停 P112；

⑲ 关闭 P112 进口阀 V01P112；

⑳ V112 水位降至 0 后，关闭液位控制阀 LIC116；

㉑ 关闭 P113 出口阀 V02P113；

㉒ 停 P113；

㉓ 关闭 P113 进口阀 V01P113；

㉔ T102 液位降至 0 后，关闭液位控制阀 LIC118。

（5）停硝基苯精馏塔

① 关闭 V115A 进口阀 V01V115A；

② 将 E110 的蒸汽控制阀 TIC119 改为手动全关；

③ 停真空泵 P115A；

④ 关闭真空泵 P115A 出口阀 V02P115A；

⑤ 关闭真空泵 P115A 进口阀 V01P115A；

⑥ 关闭压力控制阀 PIC127；

⑦ V115A 液位降至 0 后，关闭 P114A 出口阀 V02P114A；

⑧ 停 P114A；

⑨ 关闭 P114A 进口阀 V01P114A；

⑩ 关闭 V115A 出口阀 V02V115A；

⑪ 打开 V115A 底部排液阀 V03V115A；

⑫ T103 塔顶温度 TI118 降至 35℃以下后，将回流控制阀 FIC116 改为手动全关；

⑬ 关闭 E109A 冷却水阀 V01E109A；

⑭ 关闭 E109B 冷却水阀 V01E109B；

⑮ V117 液位降至 0 后，关闭液位控制阀 LIC120；

⑯ 关闭 P116A 出口阀 V01P116A；

⑰ 停 P116A；

⑱ 关闭 P116A 进口阀 V01P116A；

⑲ T103 液位降至 0 后，关闭塔底出料阀 V01T103。

6.1.5.3　紧急停车

（1）停反应器

① 将混合阀进料控制阀 FIC101 改为手动全关；

② 将废酸回流控制阀 FIC102 改为手动全关；

③ 将废酸回流控制阀 FIC104 改为手动全关；

④ 将酸性苯控制阀 FIC103 改为手动全关；

⑤ 关闭 R101A 搅拌器；

⑥ 关闭 R102 搅拌器；

⑦ 关闭 R103 搅拌器；

⑧ 关闭 R104 搅拌器；

⑨ 打开 R101A 底部卸料阀 V01R101A；

⑩ 打开 R102 底部卸料阀 V01R102；

⑪ 打开 R103 底部卸料阀 V01R103；

⑫ 打开 R104 底部卸料阀 V01R104；

⑬ 关闭 P101A 出口阀；

⑭ 停 P101A；

⑮ 关闭 P101A 进口阀 V01P101A；

⑯ 关闭 P102A 出口阀 V02P102A；

⑰ 停 P102A；

⑱ 关闭 P102A 进口阀 V01P102A；

⑲ R101A 的温度 TIC101 降到 40℃ 以下后，将冷却水控制阀 TIC101 改为手动全关；

⑳ R102 的温度 TIC103 降到 40℃ 以下后，将冷却水控制阀 TIC103 改为手动全关；

㉑ R103 的温度 TIC104 降到 40℃ 以下后，将冷却水控制阀 TIC104 改为手动全关；

㉒ R104 的温度 TIC105 降到 40℃ 以下后，将冷却水控制阀 TIC105 改为手动全关；

㉓ E101 出口温度 TIC106 降到 40℃ 以下后，将冷却水控制阀 TIC106 改为手动全关。

（2）停硫酸浓缩塔

① 将新鲜苯进料控制阀 FIC109 改为手动全关；

② 关闭 R105 搅拌器；

③ 将 E103 的蒸汽控制阀 TIC109 改为手动全关；

④ 将 E105 的蒸汽控制阀 TIC111 改为手动全关；

⑤ T101 塔顶温度 TI110 降至 35℃ 以下后，将回流控制阀 FIC110 改为手动全关；

⑥ 关闭 P105 出口阀 V02P105；

⑦ 停 P105；

⑧ 关闭 P105 进口阀 V01P105；

⑨ 关闭 E104 的冷却水进口阀 V01E104；

⑩ 关闭 P109A 出口阀 V02P109A；

⑪ 停 P109A；

⑫ 关闭 P109A 进口阀 V01P109A；

⑬ 关闭 P110A 出口阀 V02P110A；

⑭ 停 P110A；

⑮ 关闭 P110A 进口阀 V01P110A；

⑯ 关闭 P106 出口阀 V02P106；

⑰ 停 P106A；

⑱ 关闭 P106A 进口阀 V01P106。

（3）停碱洗水洗

① 关闭碱液泵 P117 出口阀 V02P117；

② 停 P117；

③ 关闭 P117 进口阀 V01P117；

④ 关闭 R106 搅拌器；

⑤ R106 反应釜内温度低于 40℃ 以后，关闭冷却水控制阀 TIC112；

⑥ 关闭 P107 出口阀 V02P107；

⑦ 停 P107；

⑧ 关闭 P107 进口阀 V01P107；

⑨ 关闭 R107 脱盐水进口阀 V01R107；

⑩ 关闭 R108 脱盐水进口阀 V01R108；

⑪ 关闭 R107 搅拌器；

⑫ 关闭 R108 搅拌器；

⑬ 关闭 P108 出口阀 V02P108；

⑭ 停 P108；

⑮ 关闭 P108 进口阀 V01P108；

⑯ 关闭 P109A 出口阀 V02P109A；

⑰ 停 P109A；

⑱ 关闭 P109A 进口阀 V01P109A。

（4）停苯回收塔

① 将 E106 的蒸汽控制阀 TIC115 改为手动全关；

② 将 E108 的蒸汽控制阀 TIC117 改为手动全关；

③ 关闭真空泵 P111A 进口阀 V01P111A；

④ 停真空泵 P111A；

⑤ 关闭 P111A 的供水阀 V03P111A；

⑥ 关闭真空泵 P111A 出口阀 V02P111A；

⑦ 关闭压力控制阀 PIC122；

⑧ 关闭 P110A 进口阀 V02P110A；

⑨ 停 P110A；

⑩ 关闭 P110A 进口阀；

⑪ T102 塔顶温度 TI116 降至 35℃ 以下后，将回流控制阀 FIC114 改为手动全关；

⑫ 关闭 E107A 冷却水阀 V01E107A；

⑬ 关闭 E107B 冷却水阀 V01E107B；

⑭ 关闭 P112 出口阀 V02P112；

⑮ 停 P112；

⑯ 关闭 P112 进口阀 V01P112A；

⑰ 关闭 P113 出口阀 V02P113A；

⑱ 停 P113；

⑲ 关闭 P113 进口阀 V01P113A。

（5）停硝基苯精馏塔

① 将 E110 的蒸汽控制阀 TIC119 改为手动全关；

② 关闭真空泵 P115A 进口阀 V01P115A；

③ 停真空泵 P115A；

④ 关闭 P115A 的供水阀 V03P115A；

⑤ 关闭真空泵 P115A 出口阀 V02P115A；

⑥ 关闭压力控制阀 PIC127；

⑦ V115A 液位降至 0 后，关闭 P114A 出口阀 V02P114A；

⑧ 停 P114A；

⑨ 关闭 P114A 进口阀 V01P114A；

⑩ T103 塔顶温度 TI118 降至 35℃以下后，将回流控制阀 FIC116 改为手动全关；

⑪ 关闭 E109A 冷却水阀 V01E109A；

⑫ 关闭 E109B 冷却水阀 V01E109B；

⑬ 关闭 P116A 出口阀 V01P116A；

⑭ 停 P116A；

⑮ 关闭 P116A 进口阀 V01P116A。

6.1.5.4 切换反应器

（1）启用 R101B

① 打开 FIC107 的前阀 FV107I；

② 打开 FIC107 的后阀 FV107O；

③ 打开 FIC107，将酸性苯流量控制在约 4140kg/h；

④ 打开 FIC108 的前阀 FV108I；

⑤ 打开 FIC108 的后阀 FV108O；

⑥ 打开 FIC108，将回流酸流量控制在约 300kg/h；

⑦ 打开 FIC105 的前阀 FV105I；

⑧ 打开 FIC105 的后阀 FV105O；

⑨ 打开 FIC105，将混合酸的流量控制在约 10500kg/h；

⑩ 打开 FIC106 的前阀 FV106I；

⑪ 打开 FIC106 的后阀 FV106O；

⑫ 打开 FIC106，将回流酸流量控制在约 650kg/h；

⑬ R101B 满后（压力 PI101 大于 2kPa），启动反应釜搅拌器；

⑭ R101B 温度 TIC102 大于 50℃后，打开温度控制阀前后阀 TV102I、TV102O，通入冷却水降温；

⑮ 将 TIC101 控制在约 65℃。

（2）停用 R101A

① 将 FIC101 改为手动并全关；

② 将 FIC102 改为手动并全关；

③ 将 FIC103 改为手动并全关；

④ 将 FIC104 改为手动并全关；

⑤ 关闭 R101A 的搅拌器；

⑥ 将 TIC101 改为手动并全关。

6.1.5.5　真空泵坏

切换真空泵

① 打开 P115B 出口阀 V02P115B；

② 打开 P115B 的供水阀 V03P115B；

③ 启动 P115B；

④ 打开 P115B 进口阀 V01P115B；

⑤ 关闭 P115A 进口阀 V01P115A；

⑥ 停 P115A；

⑦ 关闭 P115A 的供水阀 V03P115A；

⑧ 关闭 P115A 出口阀 V02P115A；

⑨ T101 真空度不得低于 30kPa。

6.1.5.6　控制阀卡

控制阀切换副线控制

① 打开控制阀 FV101 的副线阀 FV101B；

② 将 FIC101 控制在约 10500kg/h；

③ 关闭控制阀的前阀 FV101I；

④ 关闭控制阀的后阀 FV101O；

⑤ 将 FIC101 改为手动；

⑥ 将 FIC101 输出设为 0。

6.2　苯胺工段仿真实习

苯胺工段简介

6.2.1　实习目的

① 掌握由硝基苯制苯胺的基本原理及工艺流程。

② 了解本工段流化床反应器、脱水塔、苯胺精馏塔等主要设备的原理和结构。

③ 了解仪表的控制和使用。

④ 熟练掌握本工段的冷态开车、正常运行、正常停车的步骤和操作。

⑤ 学会分析事故发生的原因，并及时判断和处理，例如控制阀卡、塔釜液位低、设备温度异常、塔不能正常采出等。当装置停电、硝基苯原料中断等异常情况发生时，能够紧急停车。

⑥ 能够根据操作条件的变化及时调节工艺参数。

⑦ 掌握内操员、外操员等岗位职责，能够联合操作，提高团队合作能力。

6.2.2　生产原理

苯胺生产主要以硝基苯为原料，在一定温度、压力和催化剂作用下，氢气为还原剂，将硝基苯还原成苯胺。反应方程式如下：

$$\text{〈C₆H₅〉NO}_2 + H_2 \xrightarrow{\text{cat.}} \text{〈C₆H₅〉NH}_2 + H_2O$$

本装置采用流化床气相催化加氢工艺，硝基苯加热汽化后，与理论量约三倍的氢气混合，进入装有 Cu-SiO$_2$ 催化剂的流化床反应器中，在 240～270℃条件下进行还原反应，生成苯胺和水蒸气，经冷凝、分离、脱水、精馏后得到苯胺产品。

该工艺较好地改善传热状况，控制反应温度，从而避免局部过热现象，减少副产物的生成，延长了催化剂使用寿命。但操作比较复杂，催化剂损耗较大，装置建设费用大，操作和维修费用较高。

6.2.3 工艺流程

6.2.3.1 还原、分离工段

投料之前先按照催化剂升温活化程序对催化剂进行升温、活化。如图 6-10、图 6-11 原料硝基苯经加料泵加压、硝基苯预热器（E201）预热后，与经过加压换热后的氢气混合后，进入硝基苯汽化器（E202）并汽化，经过热后进入流化床反应器（R201）。在流化床反应器内的催化剂作用下，硝基苯和氢气反应生成水和苯胺并放出大量热。加氢反应放出的热量被废热汽包（V201）通入流化床内部的脱盐水带出，水被汽化为副产蒸汽。

反应产物在流化床反应器（R201）顶部流出，经氢气换热器（E203）、冷凝器（E204）换热，使粗苯胺与水冷凝后进入粗中间罐（V202）；氢气经氢气捕集器去氢气压缩机，加压后与原料新氢混合作为进料循环利用。V202 底部出来的混合液再经粗冷却器（E205）进入水分离器（V203），由 V203 流出的粗苯胺进入粗罐（V205）。从水分离器上层流出的水进入废水储罐（V204），从水分离器下部流出的粗苯胺，储存于粗苯胺罐（V205）内，去苯胺精馏工序。

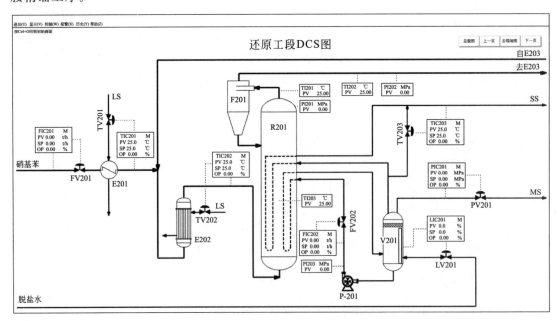

图 6-10　还原工段 DCS 图

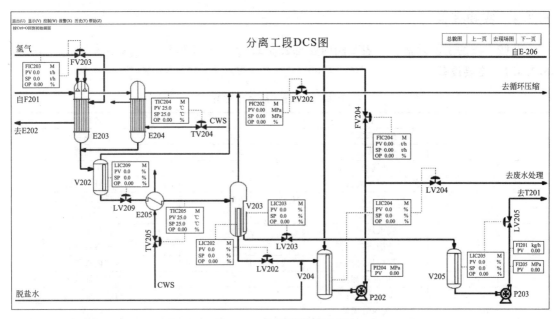

图 6-11　分离工段 DCS 图

6.2.3.2　精馏工段

如图 6-12，粗苯胺罐（V205）中的粗苯胺由罐体底部出来，经脱水塔进料泵（P203）输送进脱水塔（T201），塔顶蒸汽经冷凝器（E206）冷凝后进废水储罐（V204），塔釜苯胺进入精馏塔（T202），在一定温度及真空度下精馏。苯胺由精馏塔顶蒸出，经精馏塔冷凝器（E208）冷凝后进入精馏塔回流罐（V206），然后由精馏塔回流泵（P205）加压，一股返回精馏塔作为回流液，另一股输送至成品罐得到精制成品苯胺。精馏塔釜废水送往废水处理工段进行生化处理，塔顶废气送往废气处理工段。

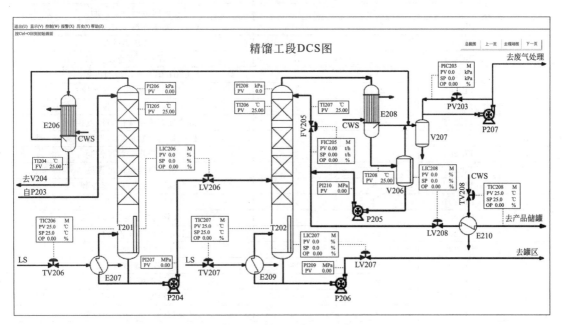

图 6-12　精馏工段 DCS 图

6.2.4 实物装置

苯胺工段的主要设备、仪表及阀门参见表 6-5、表 6-6 和表 6-7。

6.2.4.1 主要设备

表 6-5 苯胺工段主要设备

位号	名称	位号	名称
E201	硝基苯预热器	V203	水分离器
E202	硝基苯汽化器	V204	废水储罐
E203	氢气换热器	V205	粗罐
E204	粗冷凝器	V206	精馏塔回流罐
E205	粗冷却器	V207	缓冲罐
E206	脱水塔冷凝器	P201	热水循环泵
E207	脱水塔再沸器	P202	循环水泵
E208	精馏塔冷凝器	P203	脱水塔进料泵
E209	精馏塔再沸器	P204	精馏塔进料泵
E210	成品冷却器	P205	精馏塔回流泵
R201	流化床反应器	P206	精馏塔废液泵
F201	旋风分离器	P207	真空泵
V201	废热汽包	T201	脱水塔
V202	粗中间罐	T202	精馏塔

6.2.4.2 主要仪表

表 6-6 苯胺工段主要仪表

序号	位号	正常值	单位	描述
1	FIC201	5.3	t/h	硝基苯进料流量控制
2	FIC202	6.25	t/h	循环热水流量控制
3	FIC203	774.9	kg/h	氢气流量控制
4	FIC204	2.67	t/h	喷淋水流量控制
5	FIC205	1.83	t/h	精馏塔回流量控制
6	PIC201	1.7	MPa	废热汽包压力控制
7	PIC202	0.1	MPa	系统压力控制
8	PIC203	−25	kPa	精馏系统真空度控制
9	TIC201	115	℃	E201 硝基苯出口温度控制
10	TIC202	215	℃	汽化器 E202 出口温度控制
11	TIC203	227	℃	蒸汽出口温度控制
12	TIC204	55	℃	粗冷凝器热物流出口温度控制
13	TIC205	55	℃	粗冷却器热物流出口温度控制
14	TIC206	127	℃	脱水塔塔釜温度控制
15	TIC207	185	℃	精馏塔塔釜温度控制
16	TIC208	55	℃	成品苯胺出口温度控制
17	LIC201	50	%	废热汽包液位控制
18	LIC202	50	%	水分离器水相液位控制
19	LIC203	50	%	水分离器苯胺相液位控制
20	LIC204	50	%	废水储罐液位控制
21	LIC205	50	%	粗苯胺罐液位控制
22	LIC206	50	%	脱水塔液位控制
23	LIC207	50	%	精馏塔液位控制
24	LIC208	50	%	回流罐 V206 液位控制
25	LIC209	50	%	粗中间罐 V202 液位控制

续表

序号	位号	正常值	单位	描述
26	TI201	265	℃	流化床反应器出口温度显示
27	TI202	265	℃	旋风分离器气相出口温度显示
28	TI203	270	℃	反应器床层温度显示
29	TI204	65	℃	冷凝器 E206 液相出口温度显示
30	TI205	105	℃	脱水塔塔顶温度显示
31	TI206	180	℃	精馏塔塔顶温度显示
32	TI207	62.45	℃	精馏塔回流液温度显示
33	TI208	62.45	℃	回流罐进料温度显示
34	PI201	0.3	MPa	流化床反应器压力显示
35	PI202	0.2	MPa	旋风分离器气相出口压力显示
36	PI203	2.4	MPa	热水循环泵出口压力显示
37	PI204	0.4	MPa	循环水泵出口压力显示
38	PI205	0.4	MPa	脱水塔进料泵出口压力显示
39	PI206	10	kPa	脱水塔塔顶温度显示
40	PI207	0.4	MPa	精馏塔进料泵出口压力显示
41	PI208	-10	kPa	精馏塔塔顶压力显示
42	PI209	0.4	MPa	精馏塔废液泵出口压力显示
43	PI210	0.4	MPa	精馏塔回流泵出口压力显示
44	FI201	4206	kg/h	脱水塔进料流量显示

6.2.4.3　阀门

表 6-7　苯胺工段阀门

位号	阀门名称	位号	阀门名称
FV201I	FV201 前阀	TV206I	TV206 前阀
FV201O	FV201 后阀	TV206O	TV206 后阀
FV202I	FV202 前阀	TV207I	TV207 前阀
FV202O	FV202 后阀	TV207O	TV207 后阀
TV201I	TV201 前阀	TV208I	TV208 前阀
TV201O	TV201 后阀	TV208O	TV208 后阀
TV202I	TV202 前阀	LV206I	LV206 前阀
TV202O	TV202 后阀	LV206O	LV206 后阀
TV203I	TV203 前阀	LV207I	LV207 前阀
TV203O	TV203 后阀	LV207O	LV207 后阀
LV201I	LV201 前阀	LV208I	LV208 前阀
LV201O	LV201 后阀	LV208O	LV208 后阀
PV201I	PV201 前阀	FV205I	FV205 前阀
PV201O	PV201 后阀	FV205O	FV205 后阀
V01P201	P201 进口阀	PV203I	PV203 前阀
V02P201	P201 出口阀	PV203O	PV203 后阀
V01P202	P202 进口阀	V01E206	E206 冷却水进水阀
V02P202	P202 出口阀	V02E206	E206 废气出口阀
V01P203	P203 进口阀	V01T201	T201 排液阀
V02P203	P203 出口阀	V01T202	T202 排液阀
FV203I	FV203 前阀	V01E208	E208 冷却水进水阀
FV203O	FV203 后阀	V02E208	E208 废气出口阀
FV204I	FV204 前阀	V01V206	V206 废气出口阀
FV204O	FV204 后阀	V01V207	V207 排液阀
TV204I	TV204 前阀	FV201B	FV201 副线阀
TV204O	TV204 后阀	FV202B	FV202 副线阀

位号	阀门名称	位号	阀门名称
TV205I	TV205 前阀	FV203B	FV203 副线阀
TV205O	TV205 后阀	FV204B	FV204 副线阀
LV202I	LV202 前阀	FV205B	FV205 副线阀
LV202O	LV202 后阀	LV201B	LV201 副线阀
LV203I	LV203 前阀	LV202B	LV202 副线阀
LV203O	LV203 后阀	LV203B	LV203 副线阀
LV204I	LV204 前阀	LV204B	LV204 副线阀
LV204O	LV204 后阀	LV205B	LV205 副线阀
LV205I	LV205 前阀	LV206B	LV206 副线阀
LV205O	LV205 后阀	LV207B	LV207 副线阀
PV202I	PV202 前阀	LV208B	LV208 副线阀
PV202O	PV202 后阀	PV201B	PV201 副线阀
V01V202	V202 进口阀	PV202B	PV202 副线阀
V01V203	V203 进口阀	PV203B	PV203 副线阀
V01V204	V204 脱盐水阀	TV201B	TV201 副线阀
V02V204	V204 进口阀	TV202B	TV202 副线阀
V01P204	P204 进口阀	TV203B	TV203 副线阀
V02P204	P204 出口阀	TV204B	TV204 副线阀
V01P205	P205 进口阀	TV205B	TV205 副线阀
V02P205	P205 出口阀	TV206B	TV206 副线阀
V01P206	P206 进口阀	TV207B	TV207 副线阀
V02P206	P206 出口阀	TV208B	TV208 副线阀
V01P207	P207 进气阀		

6.2.5 操作规程

苯胺工段实习操作项目见表 6-8。

表 6-8 苯胺工段项目

序号	项目名称	项目描述
1	冷态开车	基本项目
2	正常操作	基本项目
3	正常停车	基本项目
4	装置停电	基本项目
5	硝基苯原料中断	特定事故
6	硝基苯进料控制阀卡	特定事故
7	精馏塔塔釜液位低	特定事故
8	脱水塔无法采出	特定事故
9	流化床床层温度过高	特定事故
10	脱水塔塔温过高	特定事故

6.2.5.1 冷态开车

（1）还原、分离工段开车

① 分别打开 TV204 前后阀 TV204I、TV204O，开启温度控制阀 TV204，开度为 50％；

② 控制 E204 热物流出口温度为 55℃；

③ 当 E204 热物流出口温度稳定在 55℃时，TIC204 投自动；

④ 分别打开 TV205 前后阀 TV205I、TV205O，打开温度控制阀 TV205，开度为 50%；

⑤ 控制 E205 热物流出口温度为 55℃；

⑥ 当 E205 热物流出口温度稳定在 55℃时，TIC205 投自动；

⑦ 开启 V204 开工脱盐水进料阀 V01V204；

⑧ V204 液位大于 30%后，开启 P202 进口阀 V01P202；

⑨ 启动泵 P202；

⑩ 开启 P202 出口阀 V02P202；

⑪ 分别开启流量控制阀 FV204 前后阀 FV204I、FV204O，逐渐增大 FV204 开度；

⑫ 控制 FIC204 示数为 2.67t/h；

⑬ 当 FIC204 示数稳定在 2.67t/h 时，FIC204 投自动；

⑭ 当 V204 液位达到 45%时，分别打开 LV204 前阀 LV204I、后阀 LV204O，缓慢打开控制阀 LV204；

⑮ 控制 V204 液位为 50%；

⑯ 当 V204 液位稳定后，将 LIC204 投自动；

⑰ 当 V202 液位 LIC209 大于 45%时，打开液位控制 LIC209；

⑱ 控制 V202 液位为 50%；

⑲ 当 V202 液位稳定为 50%，将 LIC209 投自动；

⑳ 当 V203 水相液位 LIC202 大于 30%后，分别开启控制阀 LV202 前后阀 LV202I、LV202O，缓慢开启 LV202；

㉑ 控制 V203 水相液位 LIC202 为 50%；

㉒ 当 V203 水相液位稳定为 50%时，LIC202 投自动；

㉓ 当 V203 水相液位达到 50%时，关闭 V204 开工脱盐水进料阀 V01V204，操作中若 V204 液位过低，可开启阀门补充开工水；

㉔ 当 V203 粗苯胺相液位 LIC203 大于 45%时，分别打开 LV203 前阀 LV203I、后阀 LV203O，缓慢开启 LV203；

㉕ 控制 V203 粗苯胺相液位 LIC203 为 50%；

㉖ 当 LIC203 液位稳定为 50%时，LIC203 投自动；

㉗ 向 V204 注水的同时，分别开启流量控制阀 FV203 前后阀 FV203I、FV203O，缓慢开启 FV203；

㉘ 控制氢气流量 FIC203 为 774.9kg/h；

㉙ 当氢气流量稳定在 774.9kg/h 时，FIC203 投自动；

㉚ 分别开启控制阀 TV202 前后阀 TV202I、TV202O，缓慢开启 TV202；

㉛ 控制 TIC202 示数为 215℃；

㉜ 当 TIC202 示数稳定在 215℃时，TIC202 投自动；

㉝ 分别打开汽包 V201 进水阀 LV201 前后阀 LV201I、LV201O，并打开 LV201，向 V201 注水；

㉞ 控制汽包 V201 液位为 50%；

㉟ 控制汽包液位 LIC201 为 50%；

㊱ V201 液位大于 30%后，开启 P201 进口阀 V01P201；

㊲ 启动泵 P201；

㊳ 开启 P201 出口阀 V02P201；

㊴ 分别开启 PV202 前后阀 PV202I、PV202O，当 PIC202 示数接近 0.1MPa，缓慢开启 PV202；

㊵ 控制 PIC202 示数为 0.1MPa；

㊶ 当 PIC202 示数稳定在 0.1MPa 时，PIC202 投自动；

㊷ 反应器 R201 床层温度 TI203 大于 180℃ 后，分别开启控制阀 TV201 前后阀 TV201I、TV201O，调节控制阀 TV201 开度为 50%；

㊸ 控制 E201 出口硝基苯温度为 115℃；

㊹ 当 E201 出口硝基苯温度稳定在 115℃时，将 TIC201 投自动；

㊺ 分别开启控制阀 FV201 前后阀 FV201I、FV201O，缓慢开启控制阀 FV201；

㊻ 控制硝基苯流量为 5.3t/h；

㊼ 当硝基苯流量稳定在 5.3t/h 时，FIC201 投自动；

㊽ 当 R101 床层温度 TI203 达到 220℃，分别开启控制阀 FV202 前后阀 FV202I、FV202O，缓慢开启 FV202，控制 TI203 不大于 275℃；

㊾ 控制流量控制 FIC202 示数为 6.25t/h；

㊿ 当 FIC202 示数稳定在 6.25t/h 时，将 FIC202 投自动；

(51) 控制 TI203 示数为 270℃；

(52) 分别开启控制阀 TV203 前后阀 TV203I、TV203O，缓慢开启 TV203；

(53) 控制 TIC203 示数为 227℃；

(54) 当 TIC203 示数稳定为 227℃时，TIC203 投自动；

(55) 当 PIC201 压力接近 1.7MPa，分别开启压力控制阀 PV201 前后阀 PV201I、PV201O，开启 PV201；

(56) 控制 PIC201 示数为 1.7MPa；

(57) 当 PIC201 示数稳定为 1.7MPa 时，将 PIC201 投自动；

(58) V205 液位大于 30%后，开启 P203 进口阀 V01P203；

(59) 启动泵 P203；

(60) 开启 P203 出口阀 V02P203；

(61) 当 V205 液位接近 50%时，分别开启控制阀 LV205 前后阀 LV205I、LV205O，缓慢开启 LV205；

(62) 控制 V205 液位为 50%；

(63) 当 V205 液位稳定为 50%时，将 LIC205 投自动。

（2）精馏工段开车

① 打开 E206 冷却水进水阀 V01E206；

② 打开 E208 冷却水进水阀 V01E208；

③ 打开 E208 废气出口阀 V02E208；

④ 启动真空泵 P203；

⑤ 打开真空泵 P207 进气阀 V01P207；

⑥ 分别打开 PV203 前后阀 PV203I、PV203O，开启压力控制阀 PV203；

⑦ 控制压力控制 PIC203 示数为－25kPa；

⑧ 当 PIC203 示数稳定为－25kPa 时，将 PIC203 投自动；

⑨ 当脱水塔 T201 液位达到 20％，分别开启 TV206 前后阀 TV206I、TV206O，缓慢开启 TV206，通入加热蒸汽；

⑩ 控制脱水塔 T201 塔釜温度为 127℃；

⑪ 当脱水塔 T201 塔釜温度稳定为 127℃时，将 TIC206 投自动；

⑫ 当脱水塔 T201 塔顶压力表 PI206 示数大于 0 时，打开 E206 凝液去 V204 阀门 V02V204；

⑬ 当脱水塔塔顶压力 PI206 示数大于 10kPa，打开 E206 废气出口阀 V02E206；

⑭ 当 T201 液位达到 30％时，开启泵 P204 进口阀 V01P204；

⑮ 启动泵 P204；

⑯ 打开泵 P204 出口阀 V02P204；

⑰ 当脱水塔 T201 液位达到 45％，分别开启 LV206 前后阀 LV206I、LV206O，开启液位控制阀 LV206；

⑱ 控制脱水塔 T201 液位为 50％；

⑲ 当脱水塔 T201 液位稳定为 50％时，将 LIC206 投自动；

⑳ 控制脱水塔 T201 塔顶温度为 105℃；

㉑ 控制脱水塔 T201 塔顶压力为 10kPa；

㉒ 当精馏塔 T202 液位达到 20％，分别打开 TV207 前后阀 TV207I、TV207O，打开 TV207 通入加热蒸汽；

㉓ 控制精馏塔 T202 塔釜温度为 185℃；

㉔ 当精馏塔 T202 塔釜温度稳定为 185℃时，将 TIC207 投自动；

㉕ 当回流罐 V206 液位大于 20％时，打开泵 P205 进口阀 V01P205；

㉖ 启动泵 P205；

㉗ 打开泵 P205 出口阀 V02P205；

㉘ 启动回流泵 P205 后，分别打开 FV205 前后阀 FV205I、FV205O，缓慢打开 FV205；

㉙ 逐渐开大 FV205，控制会流量 FIC205 为 1.83t/h；

㉚ 当回流流量稳定为 1.83t/h 时，将 FIC205 投自动；

㉛ 打开产品冷却器 E210 冷却水控制阀 TV208 前后阀 TV208I、TV208O，打开 TV208；

㉜ 控制 E210 产品出口温度为 55℃；

㉝ 当 V206 液位大于 45％后，分别打开 LV208 前后阀 LV208I、LV208O，缓慢打开 LV208；

㉞ 控制 V206 液位为 50％；

㉟ 当 V206 液位稳定为 50％时，将 LIC208 投自动；

㊱当精馏塔 T202 液位达到 30％，打开泵 P206 进口阀 V01P206；

㊲ 启动泵 P206；

㊳ 打开泵 P206 出口阀 V02P206；

㊴ 当 T202 液位达到 45％，分别打开 LV207 前后阀 LV207I、LV207O，打开 LV207；

㊵ 控制精馏塔 T202 液位为 50％；

㊶ 当精馏塔 T202 液位稳定为 50％，将 LIC207 投自动；

㊷ 控制精馏塔 T202 塔顶压力为-10kPa。

6.2.5.2　正常操作

生产装置正常运行过程中，中控操作员要仔细观察屏幕上各控制点的工艺参数在正常操作范围内。

（1）还原、分离工段正常控制参数

① 控制硝基苯进料流量 FIC201 为 5.3t/h；

② 控制 E201 硝基苯出口温度 TIC201 为 115℃；

③ 控制 E202 冷物流出口温度 TIC202 为 215℃；

④ 控制反应器床层温度为 270℃；

⑤ 控制热水循环流量 FIC202 为 6.25t/h；

⑥ 控制汽包液位 LIC201 为 50%；

⑦ 控制废热汽包压力 PIC201 为 1.7MPa；

⑧ 控制蒸汽出口温度 TIC203 为 227℃；

⑨ 控制氢气进气流量 FIC203 为 774.9kg/h；

⑩ 控制 V202 液位 LIC209 为 50%；

⑪ 控制 E204 热物流出口温度 TIC204 为 55℃；

⑫ 控制 E205 热物流出口温度 TIC205 为 55℃；

⑬ 控制压力控制 PIC202 示数为 0.1MPa；

⑭ 控制 V203 水相液位 LIC202 为 50%；

⑮ 控制 V203 粗苯胺相液位为 50%；

⑯ 控制 E203 喷淋水流量为 2.67t/h；

⑰ 控制 V204 液位 LIC204 为 50%；

⑱ 控制 V205 液位 LIC205 为 50%。

（2）精馏工段正常控制参数

① 控制脱水塔 T201 塔釜温度为 127℃；

② 控制脱水塔 T201 液位 LIC206 为 50%；

③ 控制脱水塔 T201 塔顶压力为 10kPa；

④ 控制精馏塔 T202 塔釜温度为 185℃；

⑤ 控制精馏塔 T202 塔顶压力为-10kPa；

⑥ 控制系统压力 PIC203 为-25kPa；

⑦ 控制回流流量 FIC205 为 1.83t/h；

⑧ 控制精馏塔 T202 液位为 50%；

⑨ 控制回流罐 V206 液位 LIC208 为 50%；

⑩ 控制 E210 热物流出口温度 TIC208 为 55℃。

6.2.5.3　正常停车

（1）还原、分离工段停车

① 将硝基苯流量控制 FIC201 投手动；

② 关闭控制阀 FV201 及其前后阀 FV201I、FV201O；

③ 将温度控制 TIC201 投手动；

④ 关闭控制阀 TV201 及其前后阀 TV201I、TV201O；

⑤ 将 TIC202 投手动；

⑥ 关闭温度控制阀 TV202，并关闭前后阀 TV202I、TV202O；

⑦ 使 R201 床层温度低于 150℃；

⑧ 同时将汽包压力控制 PIC201 投手动，并开大 PV201 排气；

⑨ 当 V201 压力降至 0MPa 时，关闭 PV201 及其前后阀 PV201I、PV201O；

⑩ 将压力控制 PIC202 投手动，并开大 PV202 进行泄压；

⑪ 当床层温度降至 150℃，将 FIC203 投手动；

⑫ 关闭控制阀 FV203 及其前后阀 FV203I、FV203O；

⑬ 当 PIC202 压力为 0MPa 时，关闭控制阀 PV202 及其前后阀 PV202I、PV202O；

⑭ 当床层温度降至 150℃，将 FIC202 投手动；

⑮ 关闭控制阀 FV202 及其前后阀 FV202I、FV202O；

⑯ 关闭泵 P201 出口阀 V02P201；

⑰ 关闭泵 P201；

⑱ 关闭泵 P201 进口阀 V01P201；

⑲ 将 V201 液位控制 LIC201 投手动；

⑳ 关闭控制阀 LV201 及其前后阀 LV201I、LV201O；

㉑ 将温度控制 TIC203 投手动；

㉒ 关闭控制阀 TV203 及其前后阀 TV203I、TV203O；

㉓ 将流量控制 FIC204 投手动；

㉔ 关闭 FV204 及其前后阀 FV204I、FV204O；

㉕ 将液位控制 LIC209 投手动，开大 LV209 进行排液；

㉖ 当 V202 液体排净后，关闭控制阀 LV209 及其前后阀 LV209I、LV209O；

㉗ 将液位控制 LIC202 投手动，并开大 LV202 进行排液；

㉘ 当 V203 水相排净后，关闭 LV202 及其前后阀 LV202I、LV202O；

㉙ 将液位控制 LIC204 投手动，开大 LV204 进行排液；

㉚ 当 V204 液位排净后关闭 LV204 及其前后阀 LV204I、LV204O；

㉛ 关闭泵 P202 出口阀 V02P202；

㉜ 关闭泵 P202；

㉝ 关闭泵 P202 进口阀 V01P202；

㉞ 将 LIC203 投手动，开大 LV203 进行排液；

㉟ 关闭控制阀 LV203 及其前后阀 LV203I、LV203O。

（2）精馏工段停车

① 将液位控制 LIC205 投手动；

② 关闭控制阀 LV205 及其前后阀 LV205I、LV205O；

③ 关闭泵 P203 出口阀 V02P203；

④ 关闭泵 P203；

⑤ 关闭泵 P203 进口阀 V01P203；

⑥ 当脱水塔 T201 塔顶温度 TI205 明显升高，将 LIC206 投手动；

⑦ 关闭控制阀 LV206 及其前后阀 LV206I、LV206O；

⑧ 关闭泵 P204 出口阀 V02P204；

⑨ 关闭泵 P204；

⑩ 关闭泵 P204 进口阀 V01P204；

⑪ 将温度控制 TIC206 投手动；

⑫ 关闭控制阀 TV206 及其前后阀 TV206I、TV206O；

⑬ 当脱水塔 T201 塔顶压力接近 0kPa 时，关闭 V02E206，并通过 V02E206 控制 T201 塔顶压力为正压；

⑭ 打开 T201 排液阀 V01T201 进行排液；

⑮ 当 T201 液体排净后，关闭排液阀 V01T201；

⑯ 将温度控制 TIC207 投手动；

⑰ 关闭控制阀 TV207 及其前后阀 TV207I、TV207O；

⑱ 当精馏塔 T202 塔顶温度低于 150℃，将 FIC205 投手动；

⑲ 关闭控制阀 FV205 及其前后阀 FV205I、FV205O；

⑳ 将液位控制 LIC208 投手动，开大 LV208 进行排液；

㉑ 当 V206 液位排净后，关闭控制阀 LV208 及其前后阀 LV208I、LV208O；

㉒ 关闭泵 P205 出口阀 V02P205；

㉓ 关闭泵 P205；

㉔ 关闭泵 P205 进口阀 V01P205；

㉕ 关闭真空泵进气阀 V01P207；

㉖ 停真空泵 P207；

㉗ 将液位控制 LIC207 投手动；

㉘ 当 T202 液位降至 5% 以下，关闭控制阀 LV207 及其前后阀 LV207I、LV207O；

㉙ 关闭泵 P206 出口阀 V02P206；

㉚ 停泵 P206；

㉛ 关闭泵 P206 进口阀 V01P206；

㉜ 将压力控制 PIC203 投手动，开大控制阀 PV203 进行压力恢复；

㉝ 当系统压力恢复为常压时，关闭控制阀 PV203 及其前后阀 PV203I、PV203O；

㉞ 将温度控制 TIC208 投手动；

㉟ 关闭控制阀 TV208 及其前后阀 TV208I、TV208O；

㊱ 关闭 E206 冷却水进水阀 V01E206；

㊲ 关闭 E208 冷却水进水阀 V01E208；

㊳ 关闭 E208 废气出口阀 V02E208。

6.2.5.4 装置停电

（1）还原、分离工段停车

① 将硝基苯流量控制 FIC201 投手动；

② 关闭控制阀 FV201 及其前后阀 FV201I、FV201O；

③ 将温度控制 TIC201 投手动；

④ 关闭控制阀 TV201 及其前后阀 TV201I、TV201O；

⑤ 将 TIC202 投手动；

⑥ 关闭温度控制阀 TV202，并关闭前后阀 TV202I、TV202O；

⑦ 同时将汽包压力控制 PIC201 投手动，并开大 PV201 排气；

⑧ 当 V201 压力降至 0 MPa 时，关闭 PV201 及其前后阀 PV201I、PV201O；

⑨ 将压力控制 PIC202 投手动，并开大 PV202 进行泄压；

⑩ 关闭控制阀 FV203 及其前后阀 FV203I、FV203O；

⑪ 当 PIC202 压力为 0 MPa 时，关闭控制阀 PV202 及其前后阀 PV202I、PV202O；

⑫ 关闭控制阀 FV202 及其前后阀 FV202I、FV202O；

⑬ 关闭泵 P201 出口阀 V02P201；

⑭ 关闭泵 P201 入口阀 V01P201；

⑮ 将 V201 液位控制 LIC201 投手动；

⑯ 关闭控制阀 LV201 及其前后阀 LV201I、LV201O；

⑰ 将温度控制 TIC203 投手动；

⑱ 关闭控制阀 TV203 及其前后阀 TV203I、TV203O；

⑲ 将流量控制 FIC204 投手动；

⑳ 关闭 FV204 及其前后阀 FV204I、FV204O；

㉑ 将液位控制 LIC209 投手动；

㉒ 关闭控制阀 LV209 及其前后阀 LV209I、LV209O；

㉓ 将液位控制 LIC202 投手动；

㉔ 关闭 LV202 及其前后阀 LV202I、LV202O；

㉕ 将液位控制 LIC204 投手动；

㉖ 关闭 LV204 及其前后阀 LV204I、LV204O；

㉗ 关闭泵 P202 出口阀 V02P202；

㉘ 关闭泵 P202 进口阀 V01P202；

㉙ 将 LIC203 投手动；

㉚ 关闭控制阀 LV203 及其前后阀 LV203I、LV203O。

（2）精馏工段停车

① 将液位控制 LIC205 投手动；

② 关闭控制阀 LV205 及其前后阀 LV205I、LV205O；

③ 关闭泵 P203 出口阀 V02P203；

④ 关闭泵 P203 进口阀 V01P203；

⑤ 将 LIC206 投手动；

⑥ 关闭控制阀 LV206 及其前后阀 LV206I、LV206O；

⑦ 关闭泵 P204 出口阀 V02P204；

⑧ 关闭泵进口阀 V01P204；

⑨ 将温度控制 TIC206 投手动；

⑩ 关闭控制阀 TV206 及其前后阀 TV206I、TV206O；

⑪ 关闭 V02E206；

⑫ 打开 T201 排液阀 V01T201 进行排液；

⑬ 当 T201 液体排净后，关闭排液阀 V01T201；

⑭ 将温度控制 TIC207 投手动；

⑮ 关闭控制阀 TV207 及其前后阀 TV207I、TV207O；

⑯ 将 FIC205 投手动；

⑰ 关闭控制阀 FV205 及其前后阀 FV205I、FV205O；

⑱ 将液位控制 LIC208 投手动，开大 LV208 进行排液；

⑲ 当 V206 液位排净后，关闭控制阀 LV208 及其前后阀 LV208I、LV208O；

⑳ 关闭泵 P205 出口阀 V02P205；

㉑ 关闭泵 P205 进口阀 V01P205；

㉒ 关闭真空泵进气阀 V01P207；

㉓ 将液位控制 LIC207 投手动；

㉔ 关闭控制阀 LV207 及其前后阀 LV207I、LV207O；

㉕ 关闭泵 P206 出口阀 V02P206；

㉖ 关闭泵 P206 进口阀 V01P206；

㉗ 将压力控制 PIC203 投手动，开大控制阀 PV203 进行压力恢复；

㉘ 当系统压力恢复为常压时，关闭控制阀 PV203 及其前后阀 PV203I、PV203O；

㉙ 将温度控制 TIC208 投手动；

㉚ 关闭控制阀 TV208 及其前后阀 TV208I、TV208O；

㉛ 关闭 E206 冷却水进水阀 V01E206；

㉜ 关闭 E208 冷却水进水阀 V01E208；

㉝ 关闭 E208 废气出口阀 V02E208。

6.2.5.5 硝基苯原料中断

事故原因：硝基苯原料中断。

事故现象：硝基苯流量 FIC201 迅速下降变为 0。

事故处理：

(1) 还原、分离工段停车

① 将硝基苯流量控制 FIC201 投手动；

② 关闭控制阀 FV201 及其前后阀 FV201I、FV201O；

③ 将温度控制 TIC201 投手动；

④ 关闭控制阀 TV201 及其前后阀 TV201I、TV201O；

⑤ 将 TIC202 投手动；

⑥ 关闭温度控制阀 TV202，并关闭前后阀 TV202I、TV202O；

⑦ 使 R201 床层温度低于 150℃；

⑧ 同时将汽包压力控制 PIC201 投手动，并开大 PV201 排气；

⑨ 当 V201 压力降至 0 MPa 时，关闭 PV201 及其前后阀 PV201I、PV201O；

⑩ 将压力控制 PIC202 投手动，并开大 PV202 进行泄压；

⑪ 当床层温度降至 150 ℃，将 FIC203 投手动；

⑫ 关闭控制阀 FV203 及其前后阀 FV203I、FV203O；

⑬ 当 PIC202 压力为 0 MPa 时，关闭控制阀 PV202 及其前后阀 PV202I、PV202O；

⑭ 当床层温度降至 150℃，将 FIC202 投手动；

⑮ 关闭控制阀 FV202 及其前后阀 FV202I、FV202O；

⑯ 关闭泵 P201 出口阀 V02P201；

⑰ 关闭泵 P201；

⑱ 关闭泵 P201 入口阀 V01P201；

⑲ 将 V201 液位控制 LIC201 投手动；

⑳ 关闭控制阀 LV201 及其前后阀 LV201I、LV201O；

㉑ 将温度控制 TIC203 投手动；

㉒ 关闭控制阀 TV203 及其前后阀 TV203I、TV203O；

㉓ 将流量控制 FIC204 投手动；

㉔ 关闭 FV204 及其前后阀 FV204I、FV204O；

㉕ 将液位控制 LIC209 投手动，开大 LV209 进行排液；

㉖ 当 V202 液体排净后，关闭控制阀 LV209 及其前后阀 LV209I、LV209O；

㉗ 将液位控制 LIC202 投手动，并开大 LV202 进行排液；

㉘ 当 V203 水相排净后，关闭 LV202 及其前后阀 LV202I、LV202O；

㉙ 将液位控制 LIC204 投手动，开大 LV204 进行排液；

㉚ 当 V204 液位排净后关闭 LV204 及其前后阀 LV204I、LV204O；

㉛ 关闭泵 P202 出口阀 V02P202；

㉜ 关闭泵 P202；

㉝ 关闭泵 P202 进口阀 V01P202；

㉞ 将 LIC203 投手动，开大 LV203 进行排液；

㉟ 关闭控制阀 LV203 及其前后阀 LV203I、LV203O。

（2）精馏工段停车

① 将液位控制 LIC205 投手动；

② 关闭控制阀 LV205 及其前后阀 LV205I、LV205O；

③ 关闭泵 P203 出口阀 V02P203；

④ 关闭泵 P203；

⑤ 关闭泵 P203 进口阀 V01P203；

⑥ 当脱水塔 T201 塔顶温度 TI205 明显升高，将 LIC206 投手动；

⑦ 关闭控制阀 LV206 及其前后阀 LV206I、LV206O；

⑧ 关闭泵 P204 出口阀 V02P204；

⑨ 关闭泵 P204；

⑩ 关闭泵进液阀 V01P204；

⑪ 将温度控制 TIC206 投手动；

⑫ 关闭控制阀 TV206 及其前后阀 TV206I、TV206O；

⑬ 当脱水塔 T201 塔顶压力接近 0 kPa 时，关闭 V02E206，并通过 V02E206 控制 T201 塔顶压力为正压；

⑭ 打开 T201 排液阀 V01T201 进行排液；

⑮ 当 T201 液体排净后，关闭排液阀 V01T201；

⑯ 将温度控制 TIC207 投手动；

⑰ 关闭控制阀 TV207 及其前后阀 TV207I、TV207O；

⑱ 当精馏塔 T202 塔顶温度低于 150℃，将 FIC205 投手动；

⑲ 关闭控制阀 FV205 及其前后阀 FV205I、FV205O；

⑳ 将液位控制 LIC208 投手动，开大 LV208 进行排液；

㉑ 当 V206 液位排净后，关闭控制阀 LV208 及其前后阀 LV208I、LV208O；

㉒ 关闭泵 P205 出口阀 V02P205；

㉓ 关闭泵 P205；

㉔ 关闭泵 P205 进口阀 V01P205；

㉕ 关闭真空泵进气阀 V01P207；

㉖ 停真空泵 P207；

㉗ 将液位控制 LIC207 投手动；

㉘ 当 T202 液位降至 5%以下，关闭控制阀 LV207 及其前后阀 LV207I、LV207O；

㉙ 关闭泵 P206 出口阀 V02P206；

㉚ 停泵 P206；

㉛ 关闭泵 P206 进口阀 V01P206；

㉜ 将压力控制 PIC203 投手动，开大控制阀 PV203 进行压力恢复；

㉝ 当系统压力恢复为常压时，关闭控制阀 PV203 及其前后阀 PV203I、PV203O；

㉞ 将温度控制 TIC208 投手动；

㉟ 关闭控制阀 TV208 及其前后阀 TV208I、TV208O；

㊱ 关闭 E206 冷却水进水阀 V01E206；

㊲ 关闭 E208 冷却水进水阀 V01E208；

㊳ 关闭 E208 废气出口阀 V02E208。

6.2.5.6 硝基苯进料控制阀 FV201 阀卡

事故原因：控制阀 FV201 发生阀卡。

事故现象：硝基苯流量迅速降低，并且调节控制阀无用。

事故处理：

① 事故发生后，打开旁路阀 FV201B；

② 控制硝基苯进料量为 5.3t/h；

③ 控制反应器温度为 270℃；

④ 控制 E201 硝基苯出口温度为 115℃。

6.2.5.7 精馏塔 T202 塔釜液位低

事故原因：精馏塔液位控制失误。

事故现象：精馏塔液位低于正常值。

事故处理：

① 将液位控制 LIC207 投自动；

② 关小控制阀 LV207；

③ 控制 T202 塔釜液位为 50%；

④ 将液位控制 LIC207 投自动。

6.2.5.8 脱水塔无法采出

事故原因：由于控制阀 LV206 阀卡，导致无法向精馏塔进料。

事故现象：控制阀 LV206 开度增大，脱水塔 T201 液位升高。

事故处理：

① 事故发生后，打开控制阀 LV206 旁路阀 LV206B；

② 将液位控制 LIC206 投自动；

③ 关闭液位控制阀 LV206；

④ 关闭控制阀 LV206 前后阀 LV206I、LV206O；

⑤ 控制脱水塔 T201 塔釜液位为 50%；

⑥ 控制精馏塔塔釜温度为 185℃。

6.2.5.9　流化床床层温度 TI206 过高

事故原因：由于控制阀 FV202 发生阀卡，导致流化床床层发生飞温。

事故现象：流化床床层温度 TI206 增大。

事故处理：

① 事故发生后，打开 FV202 旁路阀 FV202B；

② 将流量控制 FIC202 投手动；

③ 关闭控制阀 FV202；

④ 关闭控制阀 FV202 前后阀 FV202I、FV202O；

⑤ 调节 FV202B，控制床层温度 TI203 为 270℃；

⑥ 控制汽包 V201 压力为 1.7MPa。

6.2.5.10　脱水塔 T201 塔温过高

事故原因：由于误操作将 T201 塔釜温度设定为 135 ℃，导致塔釜温度过高。

事故现象：塔釜温度 TIC206 温度高。

事故处理：

① 将 TIC206 投自动；

② 调节塔釜温度 TIC206 为 127 ℃；

③ 当脱水塔 T201 塔釜温度稳定在 127 ℃，将 TIC206 投自动。

6.3　废水处理工段仿真实习

6.3.1　实习目的

废水处理
工段简介

① 掌握硝基苯和苯胺生产废水处理的基本原理及工艺流程。

② 了解本工段沉淀池、厌氧池、缺氧池、好氧池等主要设备的原理和结构。

③ 了解一般仪表的控制和使用。

④ 熟练掌握本工段的正常开车、正常运行的步骤和操作。

⑤ 能够根据条件的变化及时调节工艺参数，确保各环节指标值在正常范围内。

⑥ 掌握内操员、外操员等岗位职责，能够联合操作，提高团队合作能力。

6.3.2　生产原理

硝基苯和苯胺生产废水中含有大量的有机物，化学需氧量 COD 高，可生化性极差，同时废水排放量不是很大，因此，采取物化处理与生化处理相结合的处理工艺（图 6-13），以化学法为主，操作简单，COD、有机物去除率高，结合厌氧-好氧技术，可以确保稳定达标排放。

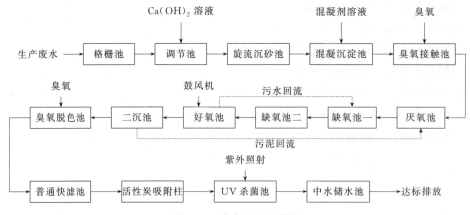

图 6-13　废水处理示意图

（1）一级物化处理

① 格栅池：去除悬浮物。

② 调节池：因苯胺废水及硝基苯废水都是间歇排放且 pH 值较低，特设置调节池以均衡两股废水的水量、水质，减缓对后续处理系统的冲击。

③ 旋流沉砂池：去除无极性泥砂。

④ 混凝沉淀池：通过投加混凝剂（聚丙烯酰胺 PAM）使胶体颗粒连接成为聚集体，即粘结架桥作用，最后产生沉淀物，达到去除污染物的目的。

⑤ 臭氧接触池：在有机物浓度较低的废水处理中，采用臭氧氧化不仅可以有效地去除水中有机物，且反应快，设备体积小，因此预处理选用臭氧工艺来氧化硝基苯、去除部分 COD 及色度等，同时废水的可生化性有了很大的提高。

（2）二级处理

① A^2/O 污水处理工艺（厌氧-缺氧-缺氧-好氧）：A^2/O 工艺是一种有回流的去除水中有机物、氮、磷的污水处理工艺。先在厌氧、兼氧条件下还原硝基苯为苯胺，同时由于兼性脱氮菌的作用，将 NO_2^--N 和 NO_3^--N 还原成 N_2，排入空气中完成脱硝过程。然后，在好氧条件下，利用生物的变异性，筛选出特异性好氧菌种用于处理硝基苯废水，使废水中的硝基苯得到有效降解并减少部分色度，同时达到脱氮效果，降低后续生物处理的负荷，提高后续处理的稳定性和效果。

② 二沉池：泥水分离。

③ 臭氧脱色池：硝基的亲电子性、苯环结构的对称性使得硝基苯类化合物不易被微生物降解，同时产生的色度也难以完全去除，废水中许多有机色素都能被臭氧氧化，使其发色团如重氮、偶氮—N ═N—键断裂，醌式结构被破坏而脱色，臭氧的微絮凝效应还有助于有机胶体和颗粒物的混凝，并通过过滤去除致色物。因此在生化系统处理之后，可通过臭氧氧化彻底脱除发色母体，确保色度降至 40 分之一以下，废水可达标排放。

（3）三级深度处理

① 普通快滤池：去除悬浮物 SS。

② 活性炭吸附柱：活性炭表面官能团上的羧基氧与芳环形成电子给受复体，从而除去水中的芳香族化合物。二级处理后的出水再经活性炭吸附处理，可以控制出水水质，从而达到排放标准。

6.3.3　工艺流程

6.3.3.1　流程简介

如图 6-14、图 6-15、图 6-16，首先生产废水经过格栅池（V301），去除废水中一些较大的悬浮物；然后进入调节池（V302），氢氧化钙溶液经加药泵（P302）送至调节池，调整废水 pH 值，此外，均衡两股废水的水量、水质，减缓对后续处理系统的冲击。调节池中的废水经提升泵（P301）提升至旋流沉砂池（V303），去除废水中的无极性泥砂；然后溢流至混凝沉淀池（V304），依次投加混凝剂、絮凝剂，进一步去除悬浮的污染物。

废水溢流进入臭氧接触池（V305），去除水中难降解的硝基苯等有机物，并能去除色度，提高生化性。然后进入 A^2/O 工艺，依次经过厌氧（V306）/缺氧（V307）/缺氧（V308）/好氧（V309）处理，完成废水脱氮除磷。混合液进入二沉池（V310），进行泥水分离，产生的污泥一部分回流至厌氧池（V306），另一部分则外运处理。

二沉池（V310）的上清液溢流至臭氧脱色池（V311），废水中的有机色素被臭氧氧化，确保色度降至 40 分之一以下；脱色后的废水溢流入普通快滤池（V312），进一步去除水中的悬浮物；然后经增压泵（P306），送入活性炭吸附柱（T301），脱去水中未降解的有机物；最后经紫外杀菌池（V313）杀菌后，排入储水池（V314）。

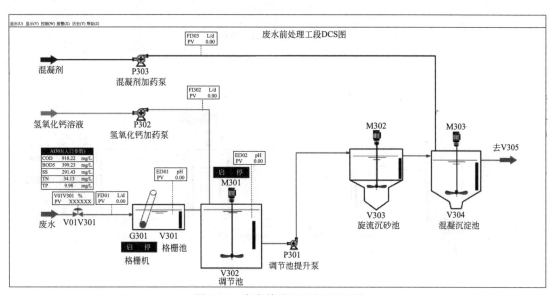

图 6-14　废水前处理工段 DCS 图

6.3.3.2　工艺参数

（1）废水水量（表 6-9）

根据生产工艺及相关资料，生产废水的排放量为 $200m^3/d$，工作方式为 24 小时工作制，生活污水 $490m^3/d$。

表 6-9　废水流量

日处理量	污泥量	混合液量
690.00m³/d	回流比 100%	回流比 200%
28750.00kg/d	28750.00kg/d	57500.00kg/d
1197.91kg/h	1197.91kg/h	2395.83kg/h

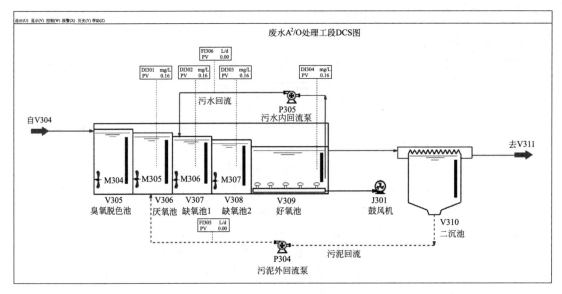

图 6-15 废水 A^2/O 处理工段 DCS 图

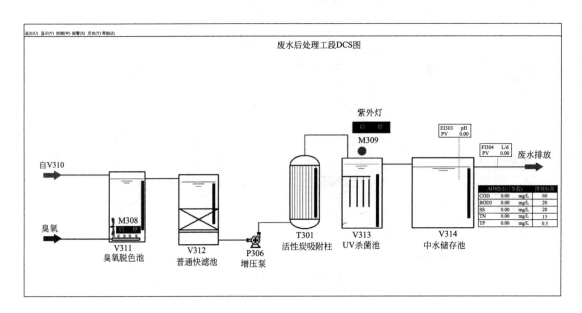

图 6-16 废水后处理工段 DCS 图

（2）进水水质（表 6-10）

表 6-10 进水主要指标值

污染因子	污染物浓度/(mg/L)	污染因子	污染物浓度/(mg/L)
pH（无量纲）	3	COD	920
SS	293	TN	34.2
BOD$_5$	400	TP	10

（3）出水水质（表 6-11）

表 6-11　出水主要指标值

污染因子	污染物浓度/(mg/L)	污染因子	污染物浓度/(mg/L)
pH(无量纲)	7	COD	60
SS	20	TN	15
BOD$_5$	20	TP	0.5

出水水质达到《污水综合排放标准》(GB 8978—1996)一级标准。

6.3.4　实物装置

废水处理工段的主要设备、仪表及阀门参见表 6-12、表 6-13 和表 6-14。

6.3.4.1　主要设备

表 6-12　废水处理工段主要设备

位号	名称	位号	名称
G301	机械格栅	M306	潜水搅拌机
V301	格栅池	V308	缺氧池二
V302	调节池	V309	好氧池
P301	提升泵	J301	鼓风机
P302	加药泵	P304	污泥回流泵
M301	搅拌机	P305	污水回流泵
V303	旋流沉砂池	V310	二沉池
M302	搅拌机	V311	臭氧脱色池
V304	混凝沉淀池	M308	潜水搅拌机
P303	加药泵	V312	普通快滤池
M303	搅拌机	P306	提升泵
V305	臭氧接触池	T301	活性炭吸附柱
M304	潜水搅拌机	V313	UV 杀菌池
V306	厌氧池	M309	紫外杀菌器
M305	潜水搅拌机	V314	中水储水池
V307	缺氧池一		

6.3.4.2　主要仪表

表 6-13　废水处理工段主要仪表

序号	仪表位号	名称	单位	正常值
1	LI301	V301 液位显示	%	80
2	LI302	V302 液位显示	%	80
3	LI303	V303 液位显示	%	80
4	LI304	V304 液位显示	%	80
5	LI305	V305 液位显示	%	80
6	LI306	V306 液位显示	%	80
7	LI307	V307 液位显示	%	80
8	LI308	V308 液位显示	%	80
9	LI309	V309 液位显示	%	80
10	LI310	V310 液位显示	%	80
11	LI311	V311 液位显示	%	80
12	LI312	V312 液位显示	%	80
13	LI313	T301 液位显示	%	80
14	LI314	V313 液位显示	%	80

序号	仪表位号	名称	单位	正常值
15	LI315	V314 液位显示	%	80
16	FI301	进口废水流量	L/d	28750
17	FI302	氢氧化钙溶液流量	L/d	280
18	FI303	混凝剂溶液流量	L/d	420
19	FI304	出口废水流量	L/d	28750
20	FI305	回流污泥流量	L/d	28750
21	FI306	回流污水流量	L/d	57500
22	AI301	入口组分含量	mg/L	-
23	AI302	出口组分含量	mg/L	-
24	EI301	进水 pH 显示	pH	3
25	EI302	V302 PH 显示	pH	7
26	EI303	出水 pH 显示	pH	7
27	DI301	V306 溶解氧显示	mg/L	0.18
28	DI302	V307 溶解氧显示	mg/L	0.48
29	DI303	V308 溶解氧显示	mg/L	0.48
30	DI304	V309 溶解氧显示	mg/L	2.48

6.3.4.3 阀门

表 6-14 废水处理工段阀门

位号	阀门名称	位号	阀门名称
V01P301	P301 前阀	V02P306	P306 后阀
V02P301	P301 后阀	V01V301	进水总阀
V01P302	P302 前阀	V01V304	V304 前阀
V02P302	P302 后阀	V01V305	V305 前阀
V01P303	P303 前阀	V01V310	V310 前阀
V02P303	P303 后阀	V01V311	V311 前阀
V01P304	P304 前阀	V01V311A	V311 副线阀
V02P304	P304 后阀	V01V312	V312 前阀
V01P305	P305 前阀	V01V313	V313 前阀
V02P305	P305 后阀	V01V314	TV101 前阀
V02J301	J301 后阀	V02V314	TV101 后阀
V01P306	P306 前阀		

6.3.5 操作规程

废水处理工段实习操作项目见表 6-15。

表 6-15 废水处理工段项目

序号	项目名称	项目描述
1	正常开车	基本项目
2	调节池 pH 值低	特定事故
3	好氧池溶解氧偏低	特定事故
4	出水 COD 超标	特定事故
5	出水 BOD 超标	特定事故
6	出水 SS 超标	特定事故
7	正常操作	基本项目

6.3.5.1　正常开车

（1）开车前准备

① 打开 V304 前阀 V01V304，调节开度至 50%；

② 打开 V305 前阀 V01V305，调节开度至 50%；

③ 打开 V310 前阀 V01V310，调节开度至 50%；

④ 打开 V311 前阀 V01V311，调节开度至 50%；

⑤ 打开 V312 前阀 V01V312，调节开度至 50%；

⑥ 打开 V313 前阀 V01V313，调节开度至 50%；

⑦ 打开 V314 前阀 V01V314，调节开度至 50%；

⑧ 打开 V314 后阀 V02V314，调节开度至 50%。

（2）打开进水总开关

打开进水总阀 V01V301，调节开度至 50%。

（3）启动格栅机

启动格栅机 G301。

（4）启动调节池提升泵

① 当调节池 V302 液位大于 80%时，打开提升泵前阀 V01P301；

② 启动提升泵 P301；

③ 打开提升泵后阀 V02P302，调节开度至 50%。

（5）调节 pH 值

① 当调节池液位大于 50%时，打开氢氧化钙溶液加药泵 P302 前阀 V01P302；

② 启动加药泵 P302；

③ 打开加药泵 P302 后阀 V02P302，调节开度至 50%；

④ 启动调节池 V302 搅拌器 M301。

（6）添加混凝剂溶液

① 当旋流沉淀池液位大于 50%时，启动搅拌器 M302；

② 当混凝沉淀池 V304 液位大于 50%时，打开加药泵 P303 前阀 V01P303；

③ 启动混凝剂加药泵 P303；

④ 打开混凝剂加药泵 P303 后阀 V02P303，调节开度为 50%；

⑤ 启动搅拌器 M303。

（7）A^2/O 工段操作

① 当臭氧接触池 V305 液位大于 50%时，启动搅拌器 M304；

② 当厌氧池 V306 液位大于 50%时，启动搅拌器 M305；

③ 当缺氧池 V307 液位大于 50%时，启动搅拌器 M306；

④ 当缺氧池 V308 液位大于 50%时，启动搅拌器 M307；

⑤ 当好氧池 V309 液位大于 50%时，打开鼓风机 J301 出口阀 V02J301；

⑥ 启动鼓风机 J301；

⑦ 打开污水回流泵 P305 前阀 V01P305；

⑧ 启动污水回流泵 P305；

⑨ 打开污水回流泵 P305 后阀 V02P305，调节开度为 50%，控制回流比为 2∶1；

⑩ 当二沉池 V310 液位大于 50%时，打开污泥回流泵 P304 前阀 V01P304；

⑪ 启动污水回流泵 P304；

⑫ 打开污泥回流泵 P304 后阀 V02P304，调节开度为 50%，控制回流比为 1：1。

（8）后处理工段操作

① 当脱色池 V311 液位大于 50% 时，启动搅拌器 M308；

② 当快滤池 V312 液位大于 50% 时，打开泵 P306 前阀 V01P306；

③ 启动泵 P306；

④ 打开泵 P306 后阀 V02P306，调节开度为 50%；

⑤ 当 UV 杀菌池液位大于 0 时，打开紫外灯。

6.3.5.2 调节池 pH 值低

调节加药泵 P302 前阀 V02P302，保持调节池 pH 值为 7。

6.3.5.3 好氧池溶解氧偏低

调节鼓风机后阀 V02J301，保持溶解氧 DO 值为 2.48mg/L；

6.3.5.4 出水 COD 超标

调节污水回流泵 P305 出口阀门开度，使出水 COD 小于 60mg/L。

6.3.5.5 出水 BOD 超标

调节鼓风机 J301 出口阀门开度，使出水 BOD 小于 20mg/L。

6.3.5.6 出水 SS 超标

调节混凝剂出口阀门开度，使出水 SS 小于 20mg/L。

6.3.5.7 正常操作

① 调节混凝剂出口阀门开度，使出水 SS 小于 20mg/L；

② 调节污水回流泵出口阀门开度，使出水 COD 小于 60mg/L；

③ 调节鼓风机出口阀门开度，使出水 BOD 小于 20mg/L。

6.4 废气处理工段仿真实习

6.4.1 实习目的

① 掌握硝基苯和苯胺生产废气处理的基本原理及工艺流程。

② 了解本工段喷淋塔、活性炭吸附罐、低温催化氧化反应器等主要设备
的原理和结构。

废气处理
工段简介

③ 了解一般仪表的控制和使用。

④ 熟练掌握本工段的正常开车、正常停车的步骤和操作；掌握用蒸汽脱附法进行活性
炭再生的操作。

⑤ 能够根据条件的变化及时调节工艺参数，确保各环节指标值在正常范围内。

⑥ 掌握内操员、外操员等岗位职责，能够联合操作，提高团队合作能力。

6.4.2 生产原理

硝基苯和苯胺生产过程产生的废气中主要包含以下大气污染物：

① 颗粒物，主要为硝基苯催化加氢制苯胺过程中所使用的 $CuO\text{-}SiO_2$ 催化剂颗粒。

② 无机气态污染物，主要为硝基苯生产过程中产生的酸性 HCl、NO_x 等废气。

③ 挥发性有机化合物（VOCs），主要为生产环节中由原料、中间产物及最终产物挥发所产生的苯及苯系物。

针对上述污染物，选用以下工艺技术进行控制（图 6-17）：

① 颗粒性污染物控制：针对生产过程中产生的废催化剂等颗粒性污染物，可采用袋式除尘工艺。

② 气态污染物控制：针对无机酸性废气，可以采用吸收塔利用碱液进行吸收去除。

③ VOCs 控制：针对 VOCs 废气，可采用吸附与低温催化氧化工艺进行控制，前段的吸附装置可以实现 VOCs 的富集与回收利用，而后续的低温催化氧化装置可将未被吸附的低浓度 VOCs 催化氧化去除。

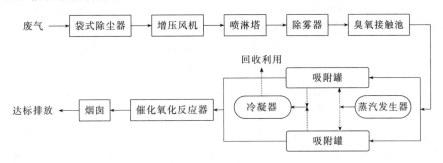

图 6-17　废气处理示意图

6.4.3　工艺流程

6.4.3.1　流程简介

如图 6-18、图 6-19、图 6-20，来自生产中的含有粉尘、酸性气体以及 VOCs 的废气，首先进入袋式除尘器（F401），去除废气中的 $CuO\text{-}SiO_2$ 催化剂等颗粒物。除尘后的气态污染物在增压风机（P401）的作用下，通过管道输送至循环喷淋塔（T401），采用碱性溶液为吸收液，吸收去除废气中的 HCl、NO_x 等酸性气体成分，并进一步去除残余的颗粒物。

喷淋塔顶的气体送至除雾器（C401），以去除被气流携带出的来自喷淋塔中的水。除水后的废气进入活性炭吸附罐（S401A/B），1、2 号吸附罐交替使用保证生产的连续运行，一台运行时另一台进行活性炭再生。活性炭吸附罐完成对 VOCs 吸附后，通过蒸汽发生器（F401）产生的热蒸汽将 VOCs 脱附下来，同时完成了活性炭的再生。脱附后的高浓度 VOCs 进入冷凝器（E401），在冷凝器中冷凝并分离后进行回收利用。

未被活性炭吸附器吸附的少量 VOCs 随废气进入低温催化氧化反应器（R401），低温条件下，在催化剂的作用下将 VOCs 进一步氧化分解，净化后的尾气通过烟囱（Y401）排放。

6.4.3.2　工艺参数

（1）废气中主要污染物浓度（表 6-16）

表 6-16　废气主要污染物浓度

污染因子	污染物浓度/(mg/L)	污染因子	污染物浓度/(mg/L)
粉尘	600	苯胺	2400
HCl	400	硝基苯	2000
NO_x	800		

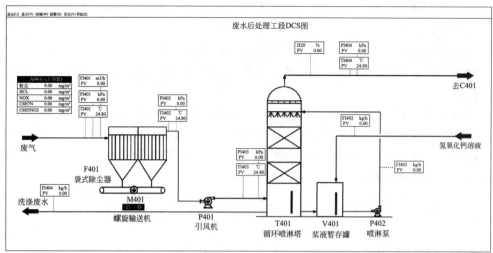

图 6-18 废气洗涤塔 DCS 图

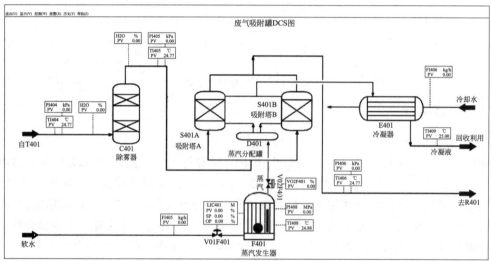

图 6-19 废气吸附罐 DCS 图

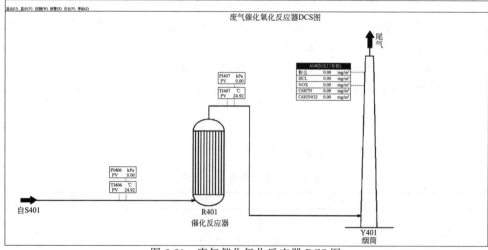

图 6-20 废气催化氧化反应器 DCS 图

（2）排放标准（表 6-17）

表 6-17　尾气主要指标值

污染因子	污染物浓度/(mg/L)	污染因子	污染物浓度/(mg/L)
粉尘	120	苯胺	25
HCl	100	硝基苯	20
NO$_x$	240		

排放浓度达到《大气污染物综合排放标准》（GB 16297—1996）二级标准。

6.4.4　实物装置

废气处理工段的主要设备、仪表及阀门参见表 6-18、表 6-19 和表 6-20。

6.4.4.1　主要设备

表 6-18　废气处理工段主要设备

位号	名称	位号	名称
F401	袋式除尘器	D401	蒸汽分配罐
M401	螺旋输送机	E401	冷凝器
T401	循环喷淋塔	R401	低温催化氧化反应器
V401	浆液暂存罐	Y401	烟囱
C401	除雾器	P401A/B	增压风机
S401A/B	吸附罐	P402	洗涤水泵
F401	蒸汽发生器		

6.4.4.2　主要仪表

表 6-19　废气处理工段主要仪表

序号	位号	名称	单位	量程
1	FI401	废气进气量	m^3/h	0～20000
2	FI402	氢氧化钙溶液流量	kg/h	0～8000
3	FI403	洗涤水泵流量	kg/h	0～60000
4	FI404	洗涤废水流量	kg/h	0～8000
5	FI405	蒸汽发生器进水流量	kg/h	0～2000
6	TI401	入口废气温度显示	℃	0～150
7	TI402	F401 出口温度显示	℃	0～150
8	TI403	T401 进口温度显示	℃	0～150
9	TI404	T401 出口温度显示	℃	0～150
10	TI405	C401 出口温度显示	℃	0～150
11	TI406	S401A/B 出口温度显示	℃	0～150
12	TI407	R401 出口温度显示	℃	0～150
13	TI408	F401 温度显示	℃	0～150
14	TI409	E401 冷凝液温度显示	℃	0～150
15	PI401	进口废气压力显示	kPa	100～100
16	PI402	F401 出口压力显示	kPa	100～100
17	PI403	T401 进口压力显示	kPa	100～100
18	PI404	T401 出口压力显示	kPa	100～100
19	PI405	C401 出口压力显示	kPa	100～100
20	PI406	S401A/B 出口压力显示	kPa	100～100
21	PI407	R401 出口压力显示	kPa	100～100
22	PI408	F401 压力显示	MPa	0～2
23	AI401	废气进口组分浓度显示	mg/m^3	0～1000

序号	位号	名称	单位	量程
24	AI402	废气出口组分浓度显示	mg/m³	0～1000
25	LIC401	F401 液位控制	%	0～100
26	FIC401	E401 流量控制	kg/h	0～40000

6.4.4.3 阀门

表 6-20 废气处理工段阀门

位号	阀门名称	位号	阀门名称
V01M401	废气进口总阀门	V02S401BA	S401B 出口阀（废气）
V01P401A	P401 进口阀	V01S401AB	S401A 进口阀（蒸汽）
V02P401A	P401 出口阀	V02S401AB	S401A 出口阀（蒸汽）
V01P401B	P402 进口阀	V01S401BB	S401B 进口阀（蒸汽）
V02P401B	P402 出口阀	V02S401BB	S401B 出口阀（蒸汽）
V01V401	V401 进料阀	V01E401	E401 进口阀（冷却水）
V02T401	T401 排液阀	V01F401	F401 进口阀（软水）
V01S401AA	S401A 进口阀（废气）	V01F402	F401 出口阀（蒸汽）
V02S401AA	S401A 出口阀（废气）	V02R401	R401 出口阀（废气）
V01S401BA	S401B 进口阀（废气）		

6.4.5 操作规程

废气处理工段实习操作项目见表 6-21。

表 6-21 废气处理工段项目

序号	项目名称	项目描述
1	正常开车	基本项目
2	正常停车	基本项目
3	蒸汽脱附吸附罐	基本项目

6.4.5.1 正常开车

（1）开车前准备

① 打开废气进口总阀门 V01M401；

② 打开风机 P401 进口阀 V01P401A；

③ 打开风机 P401 出口阀 V02P401A；

④ 打开吸附罐 S401A 进口阀 V01S401AA；

⑤ 打开吸附罐 S401A 出口阀 V02S401AA；

⑥ 打开 R401 出口阀 V02R401；

⑦ 确保关闭吸附罐 S401A 蒸汽出口阀 V01S401AB；

⑧ 确保关闭吸附罐 S401A 蒸汽出口阀 V02S401AB；

⑨ 确保关闭吸附罐 S401B 进口阀 V01S401BA；

⑩ 确保关闭吸附罐 S401B 出口阀 V02S401BA。

（2）喷淋塔开车

① 打开循环泵 P402 进口阀 V01P402；

② 打开氢氧化钙溶液调节阀 V01V401，直到开度为 50%，开始进液；

③ 当喷淋塔液位高于 40% 时，启动循环泵 P402；

④ 打开循环泵 P402 调节阀至 50％。

（3）系统开车

① 启动增压风机 P401A；

② 打开螺旋输送机 M401；

③ 打开喷淋塔排液阀 V02T401。

6.4.5.2　正常停车

（1）停风机

① 关闭增压风机 P401 进口阀 V01P401A；

② 关闭增压风机 P401A；

③ 关闭增压风机 P401 出口阀 V02P401A；

④ 关闭螺旋输送机 M401。

（2）停循环喷淋塔

① 关闭氢氧化钙进液调节阀 V01V401；

② 关闭喷淋塔排液阀 V02T401；

③ 关闭循环泵 P402A 后调节阀 V02P402A；

④ 关闭循环泵 P402A；

⑤ 关闭循环泵进口阀 V01P402A。

（3）关阀门

① 关闭废气进口总阀 V01M401；

② 关闭吸附罐 S401A 进口阀 V01S401AA；

③ 关闭吸附罐 S401A 出口阀 V02S401AA；

④ 关闭 R401 出口阀 V02R401。

6.4.5.3　蒸汽脱附吸附罐 S401B

（1）停开启前的准备

① 打开 S401B 进口阀 V01S401BB；

② 打开 S401B 出口阀 V02S401BB；

③ 确保 S401B 进口阀 V01S401BA 已关闭；

④ 确保 S401B 出口阀 V02S401BA 已关闭。

（2）开启蒸汽发生器

① 打开软水进口调节阀 V01F401 开度至 50％；

② 当蒸汽发生器内液位大于 20％时，打开蒸汽发生器 F401 电加热开关；

③ 当蒸汽发生器压力为 1 MPa 时，缓慢打开蒸汽出口调节阀 V02F401 至 50％；

④ 调节冷却水进口阀 V01E401 开度为 50％；

⑤ 关闭循环泵进口阀 V01P402。

（3）调节蒸汽发生器液位及冷却水进水量

① 调节控制蒸汽发生器 F401 液位至 50％；

② 调节控制冷却水进水流量为 17600 kg/m^3。

参 考 文 献

[1] 中石化上海工程有限公司. 化工工艺设计手册 [M] . 5 版 . 北京：化学工业出版社，2018.

[2] 袁渭康，王静康，费维扬，等 . 化学工程手册 [M] . 3 版 . 北京：化学工业出版社，2019.

[3] 柴成敬，贾绍义 . 化工原理 [M] . 3 版 . 北京：高等教育出版社，2016.

[4] 陈桂娥 . 化工单元操作 [M] . 北京：化学工业出版社，2019.

[5] 陈国桓，张喆，许莉，等 . 化工机械基础 [M] . 4 版 . 北京：化学工业出版社，2021.

[6] Crowl C A，Louvar J F. 化工过程安全基本原理与应用（原著）[M] . 赵东风，孟亦飞，刘义，等，译 . 青岛：中国石油大学出版社，2017.

[7] 毕明树，周一卉，孙洪玉 . 化工安全工程 [M] . 北京：化学工业出版社，2014.

[8] 靳海波 . 石油化工仿真装置实践教程 [M] . 北京：化学工业出版社，2017.

[9] 王欲晓 . 化工原理实验 [M] . 北京：化学工业出版社，2016.

[10] 李以名，李明海，储明明，等 . 化工原理实验及虚拟仿真 [M] . 北京：化学工业出版社，2022.

[11] 叶向群，单岩 . 化工原理实验及虚拟仿真（双语）[M] . 北京：化学工业出版社，2017.

[12] 石春玲 . 有机化学 [M] . 北京：化学工业出版社，2018.

[13] 谢克昌，房鼎业 . 甲醇工艺学 [M] . 北京：化学工业出版社，2010.

[14] 戴友芝，肖利平，唐受印 . 废水处理工程 [M] . 3 版 . 北京：化学工业出版社，2017.

[15] 周晓猛 . 烟气脱硫脱硝工艺手册 [M] . 北京：化学工业出版社，2016.